Will you be alive 10 years from now?

And numerous other curious questions in probability

確率で読み解く日常の不思議

あなたが10年後に生きている可能性は?

Paul J. Nahin [著]
蟹江幸博 [訳]

共立出版

WILL YOU BE ALIVE TEN YEARS FROM NOW?
by Paul J. Nahin

Japanese translation published by arrangement with Princeton University Press through The English Agency (Japan) Ltd.

Japanese language edition published by KYORITSU SHUPPAN CO., LTD.

パトリシア・アンに

よい確率問題よりもずっと私を驚かせてくれる

結婚して50年経って，なおも私を驚かせる君に

「あらゆることを正しく，絶対確実に事を行ったとしても，
それでもなおうまくいかない可能性は30パーセントある」

アメリカ合衆国副大統領ジョー・バイデンのヴァージニア州
ウィリアムズバーグにおける2009年選挙演説より．

このことは確率のあやふやな理解が，アメリカの高級官庁へ
選挙で選ばれて進む障害にならないことを示している．

ロサンゼルスを襲ったのは自然の力である．洪水や火災や地震とまったく同じであって，確率の自然法則である．ロスのフリーウェーを4,5百万の自動車が走っているのだから，ある程度の数の事故が起こるだろう．ある決まった日に大きな17のインターチェンジで同時に事故が起こるというのは数学的にはありそうもないことだが，オッズの方がわれわれ人間に追いついたのだろう．数学もまた自然の力である．

トマス・ペリーの1983年のユーモア・ミステリー『メッツガーの犬』[1]
より．

その中でロサンゼルスの泥棒が示しているのは
CIAの真ん中の頭文字[2]がちょっと主張しすぎなことである．

人間には単なる偶然の一致とは到底考えられないような，まことに不思議に思える偶然の一致に出会って，驚きのあまりぞっとする気持ちで超自然的なものをなんとなく信じる気持ちになるといった経験を持たない人は，冷静に物ごとを考える人たちの中にも，とても少ないことだろう．……偶然の教説，つまり専門的な言葉で言うなら，確率計算によらずに，そのような感情を完全に抑え付けることはなかなかできないことである．ところでこの計算は，要するに，純粋に数学的なものである．だから，影のようにぼんやりしたつかみどころもない思索を，もっとも厳密で正確な科学で説明しようという，途方もないことをすることになる．

エドガー・アラン・ポーの「マリー・ロジェの謎」(1842/3)の開巻の言葉

---

[1] ［訳註］メッツガーは主人公の飼い猫の名前で，凶暴な犬がその猫になついてしまうという状況をタイトルにしたもの．

[2] ［訳註］CIA（中央情報局）はアメリカの情報機関の名前だが，真ん中のIはInformation（情報）ではなくIntelligenceであり，その意味「知性，知能」であることを皮肉ったもの．

まえがき

確率の問題は，その背景には考えられないほどの変化もあり，ときには詭弁にまでの広がりを見せるが，まさに誰をも魅了してやまないものである．数学者が愛する理由は，確率論がとても美しく，数学の宝石の 1 つであることである．物理学者が愛する理由は，確率が彼らの技術的な問題の多くを解決する鍵になることが多いことである．そして，確率の問題がとても面白いということからみんなが愛しているのだ．確率の問題は，頭脳を持つ人なら誰でも問題を理解できるように述べることが易しいと同時に，熟達の人でさえ（少なくともしばらくは）途方に暮れるほどに悩ましいのである．

どういうことか，例で説明してみよう．中に 100 個の赤い玉と 100 個の黒い玉の入った壺があるとしよう．それから，1 つずつ，**返却しながら**玉を選ぶ，つまり，玉を選んだあとは玉を壺に戻すことにする．そうすると，

(a) 最初の玉が赤である確率は？　答はもちろん 1/2 である．
(b) 2 つめの玉が赤である確率は？　ふーん，そうだね，今度も答はもちろん 1/2 だ，とあなたは言うだろう．

さて，返却を**しないで**玉を選ぶ，つまり，選んだ玉は戻さずに捨てることにするとしよう．そうすると，

(c) 最初の玉が赤である確率は？　いやまったく，うんざりするね，とあなたは言うだろう．選んだあとでは最初の玉には何の関係もないんだから，

明らかに答は1/2のままだよ．

(d) 2つめの玉が赤である確率は？ オーケー，やっと当たり前でない問題になったか，とあなたは叫ぶだろう．**今度は**，ときっとあなたは言うだろう．答は最初の玉が何であるかによる．というのは，最初の玉が赤なら，2回目に引くとき，壺の中には赤い玉は99個になってるけど，最初が黒い玉なら，赤い玉が100個残っているが，黒い玉は99個しかない．これは最初の問題よりもかなり複雑だが，**条件付き**確率というものを使うと，次のように書くことができる[1]．

$$
\begin{aligned}
&\text{Prob}(2\text{つめの玉が赤}) \\
&\quad = \text{Prob}(\text{最初が赤い玉のときに第2の玉が赤}) \times \text{Prob}(\text{最初の玉が赤}) \\
&\qquad + \text{Prob}(\text{最初が黒い玉のときに第2の玉が赤}) \times \text{Prob}(\text{最初の玉が黒}) \\
&\quad = (99/199)(100/200) + (100/199)(100/200) \\
&\quad = (100/200)(99/199 + 100/199) = (100/200)(199/199) = \frac{1}{2}
\end{aligned}
$$

さて，この1/2の**ままだ**という結果にあなたは驚いただろうか．実のところ，数十年もこの例を講義で話しているのだが，今でも私は戸惑いを隠せないでいる．

では，次の驚きに満ちた結果はどうだろう．百万人の男が帽子を1つの非常に大きな箱に入れる．どの帽子にも持ち主の名前が書かれている．箱をよく揺すったあとで，一人ずつ箱から無差別に1つの帽子を取り出すとする．少なくとも一人の男が自分の帽子を取り戻す確率はどうなるだろうか？ ほとんどの人は「とても小さい」と答えるだろうが，実際には驚くほど大きくて0.632なのである！ こんなことを誰が思いつくだろう？

確率には，通常のタイプの範囲外の技術の解説者に提供できることが多い．例えば，新しい法律の社会的関わり合いの学生には，未来に起こるかもしれないことを探るために偶然の数学が使えることが多い．この主張は少々あいまいに見えるかもしれないので，私が言いたいことのはっきりわかる例を挙げてみたい．就労証明書のない移民に関する話題がアメリカでは何年も沸き立ってきており，2012年の大統領選挙年の激しい政治的な論争において脚光を浴びてきた．警察官がどんな人でもどんなときにでも呼び止めて，市民権

[1]［訳註］確率は英語で probabiliy と言い，その最初の4文字で確率を表す関数と考えている．

身分証明書を見せるよう要求できるようにする法律が提案された．そのような法律で抱えるかも知れないさまざまな問題は確かにあるが，特にどんなに脅かすものになるかという1点に集中しよう．つまり，そのような法律ができるとどんなに**不自由**になるかということである．次のようにして，この問題を伝統的な確率の問題としてモデル化することができる．

アメリカが巨大な壺であり，その住民が玉であると考える．正規の住民を b 個の黒い玉とし，就労証明書のない住民を r 個の赤い玉と考えるのである．警察が呼び止めるのは壺から無作為に玉を取り出すことにあたる．（正規の）黒い玉は壺に戻され，（証明書のない）赤い玉は常に取り除かれる（強制退去させられる）．そうするとこの不自由さの問題は，こういうことになる．つまり，赤い玉（証明書のない住民）が50%排除されるまでに，平均して何回，それぞれの黒い玉が取られる（正規の住民が警察に呼び止められる）かということである．そして，90%ならどうか，95%ならどうか，ということである．もし，この問題に答えることができるなら（本書の中で答えることになるが），その具体的な数値は実際には大切な点ではない．大切なのは，確率論的解析は議論すべき数を与えてくれるのであって，互いに石を投げ合うような各陣営の提唱者を感情的に非難する言葉ではないという点なのである．

私はほぼ30年近く（ニュー・ハンプシャー大学とヴァージニア大学の）電気工学の学部生と大学院生に確率論とその応用を教えてきた．心から希望していることだが，引退したあとに，尋ねられたら，「そう，ときどきだけどね，ナーイン教授に教えてもらったことが役に立ったと気がつくことがあるよ」と答えてくれるような学生が何人かでもいてくれてほしいものだ．しかしもちろん，学習のプロセスは一方通行のプロセスではない．誠実な教師なら誰もが認めるように，学校で新しいことを学ぶのは学生だけではなく，私も例外ではない．数学を講義し黒板にチョークで書いてきたこの30年間に私が学んだ重要な2つのことは次の通りである．

(1) 「明らか」な結果は退屈である．学生が興味を持つ（また注意を払ってくれる）のは直感的でなかったり驚くような（「見た目では不可能」に見える）結果が出てくる計算である．
(2) 理論的な証明は素晴らしいし実際に望むべきことなのだが，学生は本来的に懐疑的である．彼らは次のように質問したがる．「だけど，見逃してるものや，微細な推論の間違いが何かないかということをどうやって確かめることができるのですか？」と訊きたがるのである．

確率論とその応用に関する現代的な書物の中にもこの 2 つの場合の例が数多く見つかる．例えば場合 (1) の説明としては，有名な誕生日問題が，大学の図書館の書棚から無作為に取り出した学部生向けの確率の本に出てくることは，ほぼ確実なことである．この問題を述べるのは簡単である．誕生日が 1 年のすべての日にわたって一様に分布していると仮定する．そのとき，もし学生が，少なくとも 0.5 の確率で，2 人（以上）の誕生日（月と日も）が同じになるには何人の人いればいいかと尋ねられたとすれば，ほとんどの人は 183（365 の半分を超える最初の整数）のような「大きな」数と答えるだろう．文字通り**あらゆる**人が，実際の値が余りにも小さいこと（ほんの 23 である）に驚くのである．もし確率を 0.99 まで上げたとしても必要な人数は 55 に増えるだけで，やはり驚くほど小さな値である．誕生日問題を少しひねって，同じように驚くような答になる問題に，少なくとも 1/2 の確率で**あなたの**誕生日と同じ人がいるためには何人いなければいけないかというものがある．今度の答は大きい，実に 183 より大きいのである（253 である）．

私は大勢の（およそ 40 人から 50 人の）入門的な講義で最初の誕生日問題を，一人ずつ自分の誕生日を大声で言わせるという仕方で，よく使ったものである．そうすると，ほとんど常に（しばしば非常に早く）一致することになったとき，教室中で驚きに息を飲む音がして，みんな非常に喜んだものである．（3 重に一致するときもあった！）そのような面白い結果を実際に計算できるという可能性に学生たちは魅了されて，そのあと，講義で私が話すことにより注意を払うようになった．少なくともその講義の終わりまではだけれど！　だから，2 つの誕生日問題は，確率論のどんな初級コースに入れてもいいような申し分なく偉大な問題である．しかし，そのことがまさに今ここでそれを解析しないでおく理由なのである．本書に入り込んでいくには，場合 (1) の問題は驚くべきことであると同時に知られていないでいるものであるべきである．このために，π の値を「実験的に」決定する素敵なビュフォンの針の問題もここでは扱わないことにする．

いくつかの点で，本書は 1965 年に出版された古典である『確率における 50 の挑戦的問題』に似ている．著者は引退したハーヴァード大学の数学者フレデリック・モステラーである．その登場から半世紀近くが経って，この本の中の問題のほとんどが教科書の定番になってきた．それらの問題はすべて偉大であるが，もはや「珍しく風変わりでも奇妙でも」なくなった．たとえば，前に述べた「箱の中の百万の帽子」のパズルはモステラーの本の中で論じられているが，彼が書いた時でさえ，この問題は既に何世紀も昔のものであり，1700 年初頭に遡るものだった．

既にこのまえがきの中で 2 回，壺の中の玉のイメージを使ったが，このまえがきを読み終わるまで頭を悩ますようなもう 1 つの壺の中の玉パズルの形をした面白い例がある．本当に見事な例と思う．答は最後に与える．2 つの壺の中に好きなように振り分けることができる 10 個の白玉と 10 個の黒玉があるとする．そのようにした後，友人に公平なコインを与え，友人が無作為に（コイン投げして裏なら一方の壺，表ならもう一方の壺というように）壺を選ぶ．その壺から無作為に玉を 1 つ取り出す．友人が白玉を取り出す確率を最大にするには，玉をどのように振り分けるべきか？　たとえば，1 つの壺にすべての白玉を入れ，他方の壺にすべての黒玉を入れれば，白玉を取る確率は $1/2(10/10) + 1/2(0/10) = 1/2$ である．一方で，それぞれの壺に 5 つの白玉と 5 つの黒玉を入れても，白玉を取る確率が 1/2 のままである．$1/2(5/10) + 1/2(5/10) = 1/2$ となるからである．しかし，振り分け方を変えるとこれよりもずっと良くすることができるし，どれほど良くすることができるかに驚くだろうと思う．そして，この答を知った後でなら，友人が白玉を得る確率を**最小**にする玉の振り分け方がわかるだろうか？

もう 1 つ驚くような答の確率の難問がある．それには数学が不必要で，論理的な推論だけでいいという点で 2 重の驚きである．空港に飛行機に搭乗するのを待つ人が 100 人いるとする．すべての人が席が指定された搭乗券を持っている．満席で，飛行機の座席の数はきっちり 100 である．最初に乗り込んだのが規範に捕らわれない人で単に無作為に席に座ってしまった．実際にはそれが指定された座席**である**かもしれないが，そうだとしても偶然に過ぎない．しかし，その後は，搭乗するほかの人はすべて，一人ずつ順にそれぞれが，指定座席に既に人が座っていない限り，自分の指定座席に座るという決まりに従うこととする．指定座席がふさがっているときは単に無作為に空いている座席に座るとする．最後の搭乗者がそれでも自分の指定座席に座れる確率はいくつか？　答はこのまえがきの最後にある．

驚くようなと考えているものに，膨大な計算の果てにたどりつくような「驚きの」結果は含まれていない．このおそらく奇妙に思われるコメントで私が言いたかったことを 2 つの例で説明しておこう．最初の例として，有名な（数学者によっては名うてのという言葉に取り替えたいだろう）パズラーであるマリリン・ヴォス・サヴァントが，2011 年 7 月 31 日発行の雑誌『パレード』の中の「マリリンに訊け」というコラムにおいて，読者に次の確率問題を出したことを挙げる．

> 例えば，（公平な）サイコロを 20 回振ることにする．次のどちらの結果が出やすいだろうか？
>
> (a) 11111111111111111111
>
> (b) 66234441536125563152

ヴォス・サヴァントの答は次の通りである．

> 理論的には，どちらの結果の出やすさも同じである．どちらでも，サイコロを振るごとに出ないといけない数が特定されている．（1 から 6 までの）数はそれぞれ同じ確率（つまり 1/6）で上を向く．しかし，あなたが私には見えないところでサイコロを投げ，その結果が上のうちの 1 つであったと言ったとする．どちらの数列があなたが投げたものであるらしいだろうか？　既にサイコロが投げられた後なのだから，答は (b) である．サイコロを転がしたら，1 ばかりが並ぶより，いろんな数が混ざる方がずっとありそうに思われる．

元の問題に対するヴォス・サヴァントの答は正しいか？　派生した問題に対するヴォス・サヴァントの答は正しいか？　しばらくこれを考えてほしい．少し後で，正しい推論を述べることにする．

ヴォス・サヴァントの 2 つ目の本当に悪い数学的推論の例として，雑誌『パレード』の 2011 年のクリスマスのコラムをあげる．そこには，読者からの次の手紙が書かれている．

> 私は，雇用者 400 人の組織に対する薬物検査計画の管理をしています．3ヶ月ごとに，乱数発生器で検査対象の 100 人を選びます．その後で，こ

れらの人名を選択のプールに戻します．明らかに，ある雇用者が 1 四半期に選ばれる確率は 25 パーセントです．

しかし，1 年を通してみて，選ばれる公算はどれだけでしょうか？

マリリンの答は次の通り．

繰り返し検査するとしても確率は 25 パーセントのままです．検査の数が増えていくにつれて検査される公算が大きくなるように思うかもしれませんが，プールの大きさが同じである限り確率も同じです．あなたの直感に反してるんじゃないのかな？

そう，確かに反している．多分彼女のコメントがあまりに驚くほどに間違っているから．実際，息をのむほどに間違っている．もう一度，読者は彼女の寄稿者の質問を考えてほしい．少し後で，正しい解答を述べることにする．

さて，前に述べた場合 (2) はどうだろうか？　教えるときにしたり，プリンストン大学出版局から出版した以前の 2 冊の確率の本（『ちょっと手ごわい確率パズル』[2) と『デジタルなサイコロ』[3)）で行ったことは，理論的な結果を確かめるためにコンピュータ・シミュレーションを使うことである．確率過程のコンピュータ・シミュレーションが（満足できる程度に）理論的結果と一致すれば，両方のアプローチに対する確信が強まると考える．そのような一致が起こったからといってもちろん，どちらかの結果が正しいことが示せるわけではないが，その代わりに顕著な一致が起こっているとは信じないわけにはいかないだろう．

だから本書においてコンピュータ・シミュレーションが大きな役割を果たすが，本書は解析に関する本であって，プログラミングの本ではないということを強調しておきたい．MATLAB® を使っているが，私が書いたすべてのコンピュータのコードは低レベルのものなので，あなたのお好みのどんな言語に翻訳するのも難しくないだろう．MATLAB® に熟練している人は，私がこの言語の強力な *vector/matrix* 構造の有利さを回避していることで苦虫を

[2) ［訳註］原著は *Duelling Idiots and Other Probability Puzzlers*（決闘する馬鹿者とその他の確率パズル）と言い，プリンストン大学出版会から 2000 年に出版されているもので，松浦俊輔による日本語訳が『ちょっと手ごわい確率パズル』という題で青土社から出版されている．

[3) ［訳註］原著は *Digital Dice* というタイトルだが，まだ日本語訳は出版されていないので，本書の中で引用されるページは英語版のものである．

潰すかもしれない．その構造は実際に，*for* ループや *if/else* や *while* ループを使って行えることに比べると，計算時間を劇的に減少させることができる．しかし，私はそのようなループを大量に使ったが，それはまさに本書のコードを MATLAB® 限定のコードにしたくなかったからである．

もちろんすべてのモンテカルロのコードは乱数発生器（発生器と言うときはいつでも 0 から 1 までに一様に広がった分布を持つ数を返すものとする）というどんな現代的な科学プログラミングにもある特徴的なプログラムを使っているし，MATLAB® も例外ではない．乱数発生器が実際にどのような働きをするかについてさらに知りたければ，実際には使うために知っていることが必要なことではないのだが，『ちょっと手ごわい確率パズル』（175–197 ページ）[4] を参照してほしい．本書の最後にも役に立つ簡単な技術的注意がある．

さまざまな言語で実現するために数十年の間コンピュータのコードを書いてきた後で，コンピュータ・シミュレーションをしているうちに気付いた興味深い特徴がある．理論的に行うことが難しい問題で必要なものがほんの易しいシミュレーションのことがあるし，逆もまた正しい．つまり，理論的に解析するのが易しい問題には複雑なシミュレーションが必要になることがある．序章に，理論的な導出を確認するためにコンピュータ・シミュレーションを使う例と，コンピュータ・シミュレーションを書くことが非常に難しいと私が思った（書いてみようとも思わなかったが，止めなさいという気もない）面白い問題（最近まで未解決だった）がある．

本書の残りの部分では，あなたが過去に確率の議論に何かしら出会っていると仮定する．しかし，必ずしも最近そういうことをしたことは仮定しない！

たとえば，2 項係数を定義することや，条件付き確率からベイズの定理を導くことや，可能な値として非負整数をとる離散確率変数 X の期待値をなぜ

$$E[X] = \sum_{j=0}^{\infty} j \, \mathrm{Prob}(X = j)$$

によって与えるのかについて，詳細に説明することはしないことにする．

一方で，議論が連続な確率変数 X と Y に対して，同時確率密度 $f_{X,Y}(x, y)$

[4]［訳註］訳書では 231 ページに若干の説明があるが，BASIC がわかれば，容易に理解できると思われる．

と同時分布関数 $F_{X,Y}(x,y)$ の概念を含むとき，

$$f_{X,Y}(x,y) = \frac{\partial^2 F_{X,Y}(x,y)}{\partial x\, \partial y}$$

であることは思い出してもらうことにする．あなたが既に知っていると仮定することとあなたが覚えている必要があることは私の方で推測することで，できることは推測が間違うよりも合っていることの方が多いと願うことだけである．どのみち，私の推測が間違っているところでは，あなたの方で調べることができると仮定しているわけである．

さて，マリリン・ヴォス・サヴァントによって提案されたサイコロを転がす問題はどうだろうか？　実際，ヴォス・サヴァントは最初の答は正しかったが，2 つ目の答は間違っていた．両方の列は同等に確からしい．私は最終的に，雑誌『パレード』の 2011 年 10 月 23 日号に載った彼女の続報のコラムを読んで，彼女の混乱の原因が理解できた．そのコラムの中で，ヴォス・サヴァントが間違っていると正しくも主張している読者からの手紙を載せている．ヴォス・サヴァントは自分が正しいと主張し続けているが，無意味なことであり，ほとんど支離滅裂な弁明である．あるとき，彼女は実際に，一度は，20 回サイコロを転がし，そしてごた混ぜの数の列が得られたので，彼女が正しいことが示されたと論じている．彼女の最後の文章が，私にとって，どこで彼女がつまずいたかに対する鍵になった．サイコロを 20 回転がして得られたのは「ずっともっともらしい結果である……ごたまぜの数であった」と彼女は述べている．

そしてもちろん，起こるのはたくさんのごたまぜの列であって，すべてが 1 のただ 1 つの列ではないのだから，それは正しい．しかし，それは元の問題ではないのだから，まったく的外れなのである．元の問題は，20 個の 1 が並ぶ数列の確率と，**1 つの特定の**ごたまぜの数列，例えば，66234441536125563152 の確率を比べるということであった [5)]．「彼女の見えないところで」サイコロを転がすのは単に関係のないことである．元の 7 月 31 日のコラムでの彼女のコメントを読み返したあと，彼女が既に「入り混じった数の集まり」の議論をしていることに気づいた．問題を提出し，解答を求め，そしてそれから別

5) ［訳註］元の問題は特定の 2 つの 20 桁の数字列を比べる問題だったのに，彼女が後で答えているのは「整然とした数列」と「ごたまぜの数列」という 2 つの集合の比較をしたことになっている．「整然とした」と感じられる数列より，「ごたまぜ」と感じられる数列の方が集合として大きい．問題がすり替わっているという自覚がないので，間違えているという自覚が生まれない．

の問題に正しく答えるときに，ほかの誰であっても元の問題について間違っていると主張する権利があなたにあるわけではないのだ．

ヴォス・サヴァントの薬物検査の問題はどうだろうか？　時間の無駄になるだろうとは思ったけれど，雑誌『パレード』を通して次の e メールを彼女に送らないではいられなかった．

> 親愛なるマリリン
>
> もし四半期ごとの薬物検査に選ばれる確率が 0.25 であるなら，選ばれない確率は 0.75 である．こうして 4 回連続して（四半期で 1 年だから）選ばれない確率は $(0.75)^4 = 0.3164$ である．
>
> つまり，少なくとも一度選ばれる確率は $1 - 0.3164 = 0.6836$ で，あなたの述べた 0.25 ではない．
>
> よろしく．ポールより
>
> ポール・J・ナーイン
>
> ニュー・ハンプシャー大学電気工学名誉教授

驚くことではないが，一通も返事を受け取っていない．しかし 2012 年 1 月 22 日のコラムで彼女はついに自分の間違いを認め，「私のニューロンはうたた寝をしていたに違いない」と書いている．そのあとで少しごまかしのようなコメントが続くが，そこで彼女は与えられたどんな四半期の検査でも選ばれる確率は一定であると考えていたということが言いたいらしいのだが，なぜ「直感に反してるのじゃないのかな？」ということになるのだろうか．実際，この自明な説明は元の答を書いていたときに彼女が考えていたことでないのははっきりしている．

このことはすべて，確率の問題が絡むと，「最高記録の IQ」の持ち主でさえナンセンスのタール坑に頭から落ち込むことがあり得るということを示している．サイコロを投げるという初歩的な問題であってもであり，それがかえって払うべき配慮の価値と重要性を示してくれるのである．序章で，アイザック・ニュートンのような超天才であっても，サイコロを含む確率問題でどのようにつまづくのかを見ることになる．ヴィクトリア女王時代の大数学者オーガスタス・ド・モルガン (1806–1871) がかつて書いたように，「誰もが確率ではときには間違う，しかも大きな間違いをする．」

ド・モルガンが陥ったかもしれないつまづきの１つを，同郷の仲間であるアイザック・トドハンター (1820–1884) がその古典というべき著『確率論史』において述べている．そこで，コイン投げ問題を解析する際にフランスの数学者ジャン・ル・ロン・ダランベール (1717–1783) による間違った推論を論評して，トドハンターは「大数学者が問題の間違った側に立ってしてしまうようなことを何でも見てみたいと思う人はダランベールの 1754 年の小論を調べてみるとよい」と書いている．だから，数学者であっても間違った計算をするのである（ダランベールの失策についての議論は第 24 章を参照のこと）．しかしながら，ド・モルガンとトドハンターの霊がヴォス・サヴァントの受賞ものの失策を飲み込むのは大変に難しいだろうと，私は思う．

問題の性質に関する最終的なコメントは本書の中で見つかるだろう．僅かな例外を除いて，それらは，誕生日問題のような，単なる「パーティのためのお楽しみパズル」ではない．難しさのレベルにはかなり大きな広がりがある．高校の代数くらいのものの直接的な応用である（が，驚きの結論の）ものもあるし，過度に劇的な結論ではないが，数学的に非常に込み入ったものもある．この後の方の問題はより適切に「なし得ることの刃のパズル」と考えられている．思うのだが，それが特別な魅力であり，大学の数学の限界線の間際に迫る，ぎりぎりの複雑さを持っていると言える．ところで，本書がみな生真面目なお勉強であると思われないように，パズルのうち少しは，おそらくどちらかと言えば，特に過去のマリリン・ヴォス・サヴァントのコラム（読者に挑戦しているのに，私の知る限り，彼女が答えることのなかったパズル問題）からとった，箱の中の鶏に関する第 24 章の問題より，パーティ風のものになっている．だから，パーティによく出かける人と熱心に分析する人のどちらの人もが以下のページの中の問題を刺激的に思ってもらえるのではないかと思う．

玉の分布問題の解答

b 個の黒玉と w 個の白玉を１つの壺に入れ，残りの $10-b$ 個の黒玉と $10-w$ 個の白玉をもう１つの壺に入れる．（公平なサイコロを使って）無作為に選ば

れた壺から白玉を取り出す確率は

$$\left(\frac{w}{w+b}\right)\frac{1}{2}+\left(\frac{10-w}{20-w-b}\right)\frac{1}{2}$$

となる．すべてを手で確かめるとなると苦痛なほど多くの可能性があるが，コンピュータのコードなら朝飯前である．私がやったのはそれであって，w と b のすべての可能性，つまりそれぞれを独立に0から10まで（全部で121の組合せがあるだけ）走らせると，コードは $b=0$ かつ $w=1$ のときに最大確率が起こることを教えてくれる．つまり，1つの壺には白玉が1つ入っているだけで，他方の壺には10個すべての黒玉と残りの9個の白玉が入っている．このとき，白玉を引く確率は

$$(1)\left(\frac{1}{2}\right)+\left(\frac{9}{19}\right)\left(\frac{1}{2}\right)=\frac{14}{19}=0.7368 \tag{1}$$

となり，0.5よりかなり大きな値となる．白玉を引く確率を最小にすることは黒玉を引く確率を最大にすることと同値であることに注意しよう．元の問題との対称性から，$b=1$ かつ $w=0$ が黒玉を引く確率を最大にする分布であることがわかる（もちろんその確率はまたも14/19である）．しかし，そのことから，白玉を引く確率は $1-14/19=5/19=0.2632$ となることになる．

飛行機の座席問題の解答

答は1/2であるが，それは単に100人に対してだけでなく何人に対してもそうなる．この問題を理解する鍵は，最後の搭乗者が飛行機の100（数が何であっても）の座席のうち任意の座席に座って終わりになるわけではないということを認識することである．そうではなく，彼が座るのは自分の指定座席か最初の搭乗者の指定座席かになるのである．この主張を聞くと，最初ほとんどの人は驚くのだが，仕組みはこうである．もし最初の搭乗者が（たまたま）自分の指定座席をとったなら，最後の搭乗者は確実に自分の指定座席に座れる．なぜなら，ほかのすべての人は（規則に従い）自分の指定座席に行くからである．一方もし，最初の搭乗者が例えば座席10をとったとすれば，座席2から9まで指定されている続く搭乗者は自分の座席に行くことになる[6])．その次の10番目の人には3つの可能性がある．(1) 彼が最後の人の

[6] ［訳註］記述を簡単にするために，搭乗者に順に番号をつけ，その人の指定座席に同じ番号がついていると思っている．

座席をとるか，(2) 最初の人の座席をとるか，(3) まだ空いているほかの席をとるかである．もし彼が最初の人の席をとれば，ほかのすべての人は（最後の人も含めて）自分の指定座席をとることになる．もし彼が最後の人の席をとれば，最後の人以外のほかのすべての人は自分の指定座席をとり，最後の人はただひとつ残った座席である最初の人の指定座席をとることになる．最後に，ほかの座席をとったとする．例えば 27 の座席だとすると，11 から 26 までの人には同じ状況が起きて（単に自分の指定座席に行き），27 番目の人は 10 番目の人と同じ役割を果たすことになる．最終結果は，最後の搭乗者が自分の指定座席を得るか，最初の人の指定座席を得るかのどちらかで終わることになる．搭乗する人が指定座席が占拠されているためにその席をとれないことが起こるたびに，最初の人と最後の人の指定座席を含む残りのすべての座席の中から無作為に選ぶことになる．だから，いつでも，この特別な 2 つの座席を区別するものは何もなく，それらが最後の搭乗者の座席になる確率は同じである．そして，最後の搭乗者にとってその 2 つだけが座る可能のある座席なので，それぞれの確率は 1/2 となる．

目　次

序　　章

これまでの古典的パズル

I.1　ゴンボウとパスカルのギャンブルのパズル[0)]

確率論の誕生は通例，科学史家によって1654年とされている．それは，フランスの作家であり哲学者でもあった，今日ではその筆名であるシュヴァリエ・ド・メレとしての方がよく知られているアントワーヌ・ゴンボウ (1607–1684) が，フランスの数学者ブレーズ・ド・パスカル (1623–1662) に偶然のゲームに関するいくつかの質問をした年であった[1][1)]．これは**解析的**なアプローチの始まりを示す小さな人工の里程標である．確率論的**思考**は1654年よりかなり前に遡ることができる．例えば，百年前にイタリア人のジェロラモ・カルダーノ (1501–1575) は確率についてあれこれ考え，15ページの論文 *Liber de ludo aleae*（『偶然のゲームの書』）を書きあげた．これは1564年に書かれたが，ずっと後（1663年），ゴンボウとパスカルから十年経つまで出版されなかった．さらに，カルダーノはデタラメな挙動が外的で超自然的な力，不思議なことに彼が "authority of the Prince" と呼んだものの影響の結果であると考えた（これは確率を数学的に理解する正しい方法ではない！）．確率論へのさらに古い関心がどこまでも，おそらく古い時代の聖なる地にまで遡る

0) ［訳註］本書には Preface と Introduction があって，それを「はじめに」と「序章」と表記した．また，Introduction の直後に Challenge Problem「挑戦問題」が番号のない章になっている．節名や式や図を引用する際の見やすさを考慮して，序章では I を，挑戦問題では C を番号の前に付すことにした．

1) ［訳註］このように，本章の文章の肩にある［　］で囲まれた数は，29ページ以降に註としてまとめられている文章の番号を指している．

と（弱く）主張する人さえあるだろう [2].

しかし今のところ，伝統に従い，ゴンボウとパスカルの交流を「始まり」とすることにしよう．特に，サイコロを含む 2 つの特定のゲームについてのゴンボウの戸惑いが，ほんの数百年前に，どのように確率論がまだ非常に新しかったのかを興味深く垣間見せてくれる．公正なサイコロで始めれば，公正なサイコロを一回投げれば確率 1/6 で 6 の目が出るということは，ゴンボウは正しく理解していた．公正なサイコロが 2 つあって，2 つを同時に投げると 6 の目が 2 つ出る確率が 1/36 であることも，彼は知っていた．これを出発点として，当時はやっていた 2 つのサイコロゲームを比べることになったとき，ゴンボウは悩むことになった．最初のゲームでは 1 つのサイコロを n_1 回投げるのだが，このゲームでは，少なくとも 1 回 6 が出る確率が 1/2 よりも大きくなるには n_1 をいくつにすべきかという問題である．つまり，n_1 をいくつにしたら，少なくとも 1 回 6 が出ることに関する「同額」の賭けを**有利**な賭けにできるかということである．2 つ目のゲームでは 1 対のサイコロを n_2 回投げて，少なくとも 1 回 6 が 2 つ出る確率が 1/2 よりも大きくなるには n_2 をいくつにすべきかという問題である．

ゴンボウは厳密な比例というものを信じていたので，

$$\frac{n_1}{6} = \frac{n_2}{36} \tag{I.1.1}$$

となるのが正しいと主張した．最初のゲームではサイコロの出方は 6 通りであり，2 つ目のゲームでは 1 対のサイコロ出方は 36 通りであるからというのである．しかしながら実際，両方のゲームを大量に行い出た目を非常に慎重に観測した結果，ゴンボウは（正しく）厳密な比例が成り立たないことを確信した．パスカルへの手紙の中で，ゴンボウは比例が成り立たないことへの憤慨を表明している．パスカルが（1654 年 7 月 29 日付の手紙の中で）今や世界的に有名になったピエール・ド・フェルマ (1601–1665) という仲間のフランス人に書いているように，ゴンボウはこの失敗が「算術の女神は自分自身を裏切っていると彼が大声で宣言したくなるような重大なスキャンダルである」と考えたのである．パスカルは n_1 と n_2 の値を正しく**計算する**ことができ，そのことが歴史家が 1654 年を確率論の誕生の日付として確定する理由なのである．

n_1 と n_2 の値を計算するために，公正なサイコロを n_1 回投げて少なくとも

1回6が出る確率と，2つの公正なサイコロを n_2 回投げて少なくとも1回6が2つ出る確率をそれぞれ P_1 と P_2 と書く．P_1 に対して，サイコロを n_1 回投げたとき 6^{n_1} 通りの落ち方があり，一度も6が出ない落ち方は 5^{n_1} 通りであることにパスカルは気づいた．だから，$6^{n_1} - 5^{n_1}$ が**少なくとも1回**6が出る落ち方の数である．したがって，

$$P_1 = \frac{6^{n_1} - 5^{n_1}}{6^{n_1}} = 1 - \left(\frac{5}{6}\right)^{n_1} = \begin{cases} 0.4212\ldots & n_1 = 3 \text{ のとき} \\ 0.5177\ldots & n_1 = 4 \text{ のとき} \end{cases} \tag{I.1.2}$$

であるので，$n_1 = 4$ である．現代の数学者ならほんの少し違った言葉遣いで同じ結果を導く議論をするだろう．最初に「n_1 回投げて6が出ない」事象と「n_1 回投げて少なくとも1回6が出る」事象とは**余事象**である，つまり2つの事象は**排反**事象であり（サイコロを投げたとき，一方が起これば他方は起こらない），また2つの事象は**包括的**である（2つの事象のうち一方は**必ず**起こる）ことを認める．1回投げるときに6が出る確率は1/6であり，6が出ない確率は5/6であるので，またしても

$$P_1 = 1 - \left(\frac{5}{6}\right)^{n_1} \tag{I.1.3}$$

となる．同じようにして

$$P_2 = 1 - \left(\frac{35}{36}\right)^{n_1} = \begin{cases} 0.4914\ldots & n_2 = 24 \text{ のとき} \\ 0.5055\ldots & n_2 = 25 \text{ のとき} \end{cases} \tag{I.1.4}$$

となるので，$n_2 = 25$ となり，ゴンボウが(I.1.1)からそうなるべきだと考えた24ではない．

現代の数学者はパスカルのアプローチを，「具合の良い」可能性（つまり，「少なくとも1回の6」か「少なくとも1回の2つの6」という事象）の，可能性の総数に対する比の計算と説明するだろう．可能性の総体は（P_1 に対しては「n_1 回サイコロを投げる」であり，P_2 に対しては「n_2 回2つのサイコロを投げる」）**実験**の**標本空間**と呼ばれる．比を取る背後にある暗黙の仮定は，標本空間のすべての可能性は同等に確からしい[3]ということである．

I.2　ガリレオのサイコロ問題

パスカルがゴンボウのパズルに答える数年前に，今日ピサの斜塔の頂上からボールを落としたことでよく知られているイタリアの数理物理学者ガリレオ・ガリレイ (1564–1642) は，ギャンブラーの友人からの別のサイコロ投げの問題に答えることに成功していた．友人が悩んでいたのは次の事実であった．3 つのサイコロを投げて和が 9 と 10 になるのは，同じ数（6 通り）の異なる**和のとり方**で得ることができるのだが（たとえば，$9 = 4 + 3 + 2$ と $10 = 4 + 4 + 2$），経験によると，10 になることの方が 9 になるよりも（少しだが）なりやすいということである．ガリレオの正しい答は次のとおりである．3 つのサイコロには $6^3 = 216$ の可能な落ち方があり，和が 10 になる落ち方の方が和が 9 になる落ち方よりも少しだけ多いのである．

ガリレオは 216 通りの可能性を労力をかけ手で数え上げて友人の質問に答えたのだが，我々には面倒な算術を全部やってくれるコンピュータ・プログラムを書いた方が遥かに簡単である．3 つのサイコロを投げたときのすべての可能な落ち方を作り出し，可能な和を作り出す落ち方を保存する MATLAB® コードが，下の **galileo.m** として示したものである．走らせると，$total(9) = 25, total(10) = 27$ が得られる（和が 11 となるのも 27 回ある）．

galileo.m

```
total=zeros(1,18);
for i=1:6
    for j=1:6
        for k=1:6
            s=i+j+k;
            total(s)=total(s)+1;
        end
    end
end
total
```

このコードの魅力的な特徴は，どんな数のサイコロに対して試そうとしても簡単に変更することができるという点にある．たとえば，4 つのサイコロの場合には（$6^4 = 1296$ の可能性があり，手でやるには多すぎる），単にもう 1 つ変数の l に対する for/end ループを追加するだけである（つまり，s に対するコマンドを $s = i + j + k + l$ に変え，1 行目を $total = zeros(1, 24)$ に変える）．結果は 4 つのサイコロを投げて一番よく出る和は 14 だということである（これは 146 通り起こる）．

I.3　もう 1 つのゴンボウ・パスカル・パズル

ガリレオの問題や,「1 つの 6」や「2 つの 6」というゴンボウの問題でもなく，ゴンボウはもう 1 つの質問をパスカルにした．その質問が数学史に大きな影響を与えることになるのである．それはポイントの問題と呼ばれる．A と B の 2 人のプレーヤーが公正なコインを続けて引くと考える．表が出ると A に 1 ポイント，裏が出ると B に 1 ポイント入る．それぞれが同じ額の金を賭け金とし，最初に n ポイントとった方が賭け金全体を得る．この過程のある時点で，まだどちらのプレーヤーも勝っていないときに，彼らは中止を宣言し,「公正に」現在の総ポイントに基づいて賭け金を分割することに決めた．（1603 年のイタリアの算術に関する教科書では，たとえば A と B がボールに関連した一連のゲームをしている 2 人の少年で，決着がつく前にボールをなくしてしまったというように書かれている.）A が a ポイント，B が b ポイント持っているなら，どのように賭け金を分割すべきだろうか？

これは非常に古くからある問題である．その歴史は少なくとも 1380 年のイタリアにまで遡ることができるが，一方オーア（註 1 参照）はさらに古く，アラブ起源であると予想している．パスカルが最終的にこの問題を解く前には（後でも！）それは非常に難しい問題であると正しくも考えられていた [4]．たとえば，数学史ではタルターリア（「吃音者」）としての方が知られ，3 次方程式の解法を発見したことで有名なイタリアの数学者ニッコロ・フォンタナ (1500–1557) は，1556 年の著書 *General Trattato*（『数と計測の一般論』）において，ポイントの問題を「数学のというより司法の問題であって，どのように分割したとしても訴訟を引き起こすような」問題であると断言している．タルターリアは非常に有能な分析者であったが，その言葉は（私には）問題が解けないというよりもちょっと言い訳めいて聞こえる．

ポイントの問題を熟考することで，パスカルはフェルマに手紙を書く気になり，この二人の人物による偶然の数学のより深い考察に発展していくことになる．特に，1656 年には，パスカルはフェルマに新しい問題を提示した．その問題はフェルマには解けないのではないかと考えたらしい．これが今では有名な**ギャンブラーの破滅**問題の初期の形のものであり，この問題は実際上現代的なすべての確率論の教科書に載っている．もう一度，2 人のプレーヤー A と B が同じゲームを続けてしているとする．A はこのゲームはいつも確率 p で勝つ（だから，B はいつも確率 $q = 1 - p$ で勝つ）.「ゲーム」は何でもいいが，たとえば，確率 p で表が出るコインを投げるというような簡単なものでよい（表なら A の勝ちとする）．2 人のプレーヤーの間には全部で $a + b$ ドルの金があり，これは固定する．一連のゲームの初めには A は a ドル，B は b ドル持っていたとする．一回のゲームで負けたほうが勝者に 1 ドルを渡す．ゲームはどちらかのプレーヤーの持ち金がなくなるまで（数学的には，これをプレーヤーが破滅したと言うことにする）続けられる．ギャンブラーの破滅問題に関する元の基本問題は，A が破滅する確率の計算だが，もちろん，それは 1 から B が破滅する確率を引いたものである．なにしろ，確かにどちらかは最後には破滅することになるのだから．

計算は最初パスカルによって，彼の期待値の方法と差分方程式の数学[5]を使って行われた．それは私の既著の中で議論したアプローチなので，ここでは繰り返さない[6].（後で，本章の最後の節で，2 つのまったく異なる確率問題の中で差分方程式が出てくる．そのうちの 1 つは非線形の方程式である.）次の節で述べるのは，破滅問題の別の，ずっと独創的な展開である．パスカルとフェルマの仕事は最終的に拡張されてオランダの数理物理学者クリスティアン・ホイヘンス (1629–1695) の仕事を含むようになる．彼はゲームの継続期間について新しいひねりを加えた．つまり，プレーヤーのどちらかが n ゲーム以内に破滅する確率を考えるのである．この 3 人の仕事はすべて，ホイヘンスが 1657 年に *De ratiociniis in ludo aleae*（『偶然のゲームの計算について』）を出版するまで彼ら以外には知られていなかった[7].

I.4　ギャンブラーの破滅とド・モアブル

本節ではフランス生まれのイギリスの数学者アブラハム・ド・モアブル (1667–1754) がどのように破滅の確率を導いたかを示すことにする．そうすると，プレーヤーの 1 人が破滅するまでに行われる個々のゲームの平均数を求めるためにその確率を使うことができる．ド・モアブルの導出はエレガントで信じられないほど巧みなものだが [8]，現代の確率の教科書で典型的に示されるようなものではない [9]．それを読み終えたあとでは，あなたが彼の友人だったアイザック・ニュートン (1642–1727) に心から同意することになるだろうと予言する．何か数学的な問題について質問されたとき，ニュートンはしばしば「ド・モアブル氏のところに行きなさい．こういうことは私よりもよく知っているから」と答えていたのである．かなり印象的な褒め言葉である．実際，微積分学の発明者からのものなのだから！

はじめに，破滅の確率が既に手に入っているとしよう．つまり，

$$P_A = \text{A が破滅する確率}$$

$$P_B = \text{B が破滅する確率}$$

であり，もちろん

$$P_A + P_B = 1 \tag{I.4.1}$$

であるとする．個々のゲームではいつでも A は確率 p で 1 ドルを獲得し，確率 q で 1 ドルを失うものと「期待」される（ここにパスカルの影響が見てとれる）．したがって A の **1 ゲームごと**の利益の期待値は $p(+1) + q(-1) = p - q$ である．A の**全**利益の期待値は $bP_B - aP_A$ である．なぜなら，B が破滅すれば A は B の最初の所持金のすべて（b ドル）を獲得し，A 自身が破滅すれば A は自分の最初の所持金のすべて（a ドル）を失うからである．もしどちらかが破滅するゲームの回数の平均が m であれば，A の 1 ゲームごとの利益の期待値の m 倍が A の全利益の期待値に一致しなければいけないので，

$$m(p - q) = bP_B - aP_A$$

となり，破滅が起きるまでのゲーム回数の平均は

$$m = \frac{bP_B - aP_A}{p - q} \tag{I.4.2}$$

となる．

これは大変だ．ギャンブラーの破滅問題の平均持続の問題が突然に解けてしまった！　しかしもちろん，破滅の確率 P_A と P_B がわかるまでは (I.4.2) はあまり役に立たないので，その計算を先延ばしにはできない．

当面，金の単位がドルであることは忘れて，単に A は a 枚のチップで始め，B は b 枚のチップで始めると言うことにする．チップには 1 ドルの価値があるという言い方もできるが，今のところは単にチップはプラスチックか厚紙でできた丸いものとしておく．A と B はチップを柱積みにし，ゲームに負けると自分の柱の上の一番上のチップを取って，もう 1 つの柱の上に置くと考える．さらに，A は自分の柱の一番下のチップに q/p の価値を与え，その上のチップには $(q/p)^2$ の，その上のチップには $(q/p)^3$ の，などとしていくと，開始時点では一番上のチップは $(q/p)^a$ の価値になると考えられる．そして最後に，B は A が終わったところから自分のチップの価値を付け始めて，今度は上から下へ進むとする．つまり，ゲームの開始時点で B の柱の一番上のチップの価値は $(q/p)^{a+1}$ で，そのすぐ下のチップの価値は $(q/p)^{a+2}$ などとなっていき，一番下のチップの価値は $(q/p)^{a+b}$ となる．これらのチップの価値は個々のチップに固有なもので，ゲームが進行していくときにどちらの柱のどの位置にあるかということには関係しないとする．

最初のゲームの後，A は確率 p で B の一番上のチップを獲得し，確率 q で自分の一番上のチップを失う．それゆえ，最初のゲームにおける A の利益の期待値は

$$p\left(\frac{q}{p}\right)^{a+1} - q\left(\frac{q}{p}\right)^{a} = p\left(\frac{q}{p}\right)\left(\frac{q}{p}\right)^{a} - q\left(\frac{q}{p}\right)^{a} = 0$$

となる．個々のゲームでは，A の利益は B の損失なので（その逆も成り立つ），最初のゲームによる B の利益の期待値もまた 0 である（0 にはその負数もまた 0 であるという良い性質がある）．さて，続ける前に，おそらくはあなたも驚いただろうこの結果の説明が必要だろう．ちょっと前に（最初のゲームを含む）どんなゲームに対しても A の利益の期待値が $p - q$ であると言った

ばかりなのに，どのようにして最初のゲームによる A の利益の期待値が 0 になることができるのだろうか？　$p-q=0$ となるのは $p=q=1/2$ というただ 1 つの場合だけなので，矛盾してはいないのだろうか？

そう，矛盾ではない．実際に，矛盾は起こっていないのである．なぜなら，最初の計算ではあらゆるチップの価値は同じ 1 ドルであったが，2 番目の計算ではチップの価値は変動しているからである．もちろんギャンブラーの破滅の実際のプレイでは最初の価値付けでやるのであり，$p-q$ が実際には実世界での A の利益の期待値である．しかしながら，チップの第 2 の価値付けを使うのは，数学的世界での**破滅の確率**計算のためだが，それは A の利益の期待値が 0 である（しかも，すぐにわかるように，最初のゲームだけでなく，続くすべてのゲームでもそうである）からである．もちろん実際の利益はチップの価値をどうするかによっているのだが，一方のプレーヤーかもう一方のプレーヤーかの勝ちで終わる確率はチップの価値をどうするかには無関係である．だから，確率を計算するのに特に役に立つような特別のチップの価値付けを使うのである．ゲームごとの利益の期待値が 0 であるという結果は，**チップに対するド・モアブルの価値づけに対してだけ成り立つ**ことで，そこが彼の議論の本質である．オーケー，仕事に戻ろう．

A と B は第 2 のゲームを，（A が最初のゲームを勝って）A が $a+1$ 枚のチップを持ち B が $b-1$ 枚のチップを持って始めるか，（A が最初のゲームを負けて）A が $a-1$ 枚のチップを持ち B が $b+1$ 枚のチップを持って始めるかのどちらかが起こる．最初の場合は，A の一番上のチップの価値は $(q/p)^{a+1}$ で，B の一番上のチップの価値は $(q/p)^{a+2}$ となり，2 つ目の場合は A の一番上のチップの価値は $(q/p)^{a-1}$ で，B の一番上のチップの価値は $(q/p)^{a}$ となる．どちらの場合でも，第 2 のゲームでの B のチップの危険率が A のチップの危険率の q/p 倍であることは，最初のゲームのときと同じであることは注意して考えればわかる．こうして，第 2 のゲームでの A の利益の期待値はまた 0 となる（B の方も同じである）．実際，第 3 のゲーム以降もこの推論を推し進めていけば，A と B の双方の利益の期待値は，あらゆる個別のゲームに対して 0 となることがわかる．

これはまったくかなり気が利いたやり方だ，まさにド・モアブルの議論の核心部分に来ている．A のあらゆるゲームでの利益の期待値が 0 なので，ギャンブラーの破滅の全プロセスが必要とするゲームの数がいくつであろうと，A

の全利益の期待値は 0 である．ゲームごとの利益の期待値は 0 であり，それにプレイするゲームの数がいくつであっても，それを掛けても 0 のままだからである．(このすばらしい性質は，チップのド・モアブルによる特別な価値付けのせいであることを忘れてはいけない．) 全利益の期待値が 0 であるということの結論が，破滅の確率 P_A と P_B に対する解法の鍵である．A の全利益の期待値を P_A と P_B を使って書くことができ，それからそれを 0 と置くことができるということである．さあ，やってみよう．

A の全利益の期待値は，もし B が破滅するなら，B の開始時の全チップであり，もし A が破滅するなら，A の開始時の全チップのマイナスである．つまり，A の全利益の期待値は

$$\left[\left(\frac{q}{p}\right)^{a+1}+\left(\frac{q}{p}\right)^{a+2}+\cdots+\left(\frac{q}{p}\right)^{a+b}\right]P_b - \left[\left(\frac{q}{p}\right)+\left(\frac{q}{p}\right)^{2}+\cdots+\left(\frac{q}{p}\right)^{a}\right]P_a=0$$

である．カッコの中の 2 つの等比数列の和をとって簡単にすれば (0 で割ることを避けるために $p \neq q$，つまり $q/p \neq 1$ であることを仮定しなければならない)，

$$\frac{P_A}{P_B}=\frac{(q/p)^a-(q/p)^{a+b}}{1-(q/p)^a} \tag{I.4.3}$$

となる．(I.4.3) と (I.4.1) を連立させて，少し代数計算をすると，破滅の確率は

$$P_A=(q/p)^a\frac{1-(q/p)^b}{1-(q/p)^{a+b}},\quad \frac{q}{p}\neq 1 \tag{I.4.4}$$

と

$$P_B=\frac{1-(q/p)^a}{1-(q/p)^{a+b}},\quad \frac{q}{p}\neq 1 \tag{I.4.5}$$

となる．ロピタルの極限法則を使うと，$q/p=p/q=1$ (つまり $p=q=1/2$) のときに破滅の確率が次のようになることも含めて，証明は読者に任せることにする．

$$P_A=\frac{b}{a+b},\quad \frac{q}{p}=1 \tag{I.4.6}$$

と

$$P_B=\frac{a}{a+b},\quad \frac{q}{p}=1 \tag{I.4.7}$$

となる．(I.4.2), (I.4.4), (I.4.5) から，$\lim_{p\to1} m = b$ と $\lim_{p\to0} m = a$ となることも確かめないといけない．これは，$p = 1$ であれば，A が B を破滅させるのにちょうど b ゲーム掛かり，$p = 0$ であれば，B が A を破滅させるのにちょうど a ゲーム掛かるということを意味している．

I.5　ギャンブラーの破滅のモンテカルロ・シミュレーション

ギャンブラーの破滅のド・モアブルの解析は恐ろしく巧妙なものである．しかし，あなたがド・モアブルでなかったとしたらどうだろうか．たとえギャンブラーの破滅について数年（いや数十年！）与えられたとしても，彼のチップの価値を変動させるというアイデアが浮かばなかっただろうと，心の底では思うのではないだろうか？　それではどうしたらいいだろう？　破滅の確率について，また破滅が起こるまでの継続期間について何かしらのことを知りえない運命なのだろうか？　その答はおそらくはイエスだし，ド・モアブルの時代なら確かにイエスだっただろうが，現在ではノーである．今日ではコンピュータがあるし，乱数発生器があるし，MATLAB® のような，数を噛み砕く洗練されたソフトウェアがある．

次の **gr.m** という名前のコードは，a, b, p の値を与えたあと，10 万回もギャンブラーの破滅のゲームをシミュレーションして，各シミュレーションがどれくらい続くかと，各シミュレーションでどちらのプレーヤーが破滅するかの記録をとることができる驚くほど短いコードになっている．

---

gr.m

```
a=input('a をいくつにする？');
b=input('b をいくつにする？');
p=input('p をいくつにする？');
LS=0;AR=0;
for loop=1:100000
    A=a;B=b;X=0;
    while A&&B>0
        if rand<p
```

```
            A=A+1;B=B-1;
        else
            A=A-1;B=B+1;
        end
        X=X+1;
    end
    LS=LS+X;
    if A==0
        AR=AR+1;
    end
end
LS/100000
AR/100000
```

---

gr.m の働きはかなり直線的である．a, b, p の値を知らされた後で，変数 LS（ゲーム列の長さ）と AR（A が破滅）をそれぞれ 0 に初期化する．**gr.m** が終わったとき，LS はギャンブラーの破滅の 100,000 回のシミュレーションでプレイされた個々のゲームの総数であり，AR はそれらのシミュレーションの間に破滅したのが A であった回数となる．ギャンブラーの破滅の各シミュレーションの開始時には，変数 A と B はそれぞれ a と b に初期化され，変数 X（そのときのギャンブラーの破滅のシミュレーションの中でプレイされているそのときのゲームの数）は 0 と置かれている．個々のギャンブラーの破滅は，A と B の双方が 0 より大きい間は *while* ループの中でプレイされている．それぞれのゲームの終わりに X は 1 ずつ増える．(A か B が 0 になって) *while* ループが終わりになるとき，LS は X だけ増やされ，*while* ループの終わりの引き金を引いたのが A が 0 になったせいだったなら AR が 1 だけ増やされる．それからもう 1 つのギャンブラーの破滅が行われる．**gr.m** の最後の 2 つのコマンドは明らかで，ギャンブラーの破滅シミュレーションごとにプレイされるゲームの平均と A が破滅する確率を与えている．

表 I.5.1 は，いくつかの a, b, p の値に対する，P_A と m（A か B が破滅するまでにプレイされたゲームの平均数）に対するシミュレーションの結果を示している．

表 I.5.1　シミュレーションの結果

a	b	p	m	P_A
9	1	0.50	9.01	0.1005
90	10	0.50	895.5	0.1013
9	1	0.45	10.99	0.2091
90	10	0.45	764.6	0.8642
99	1	0.45	171.2	0.1817
99	10	0.40	440.6	0.9823
99	1	0.40	160.98	0.3323

表 I.5.2 は，同じ a, b, p の値に対して，($p = q$ であれば ab に等しい) m と P_A に対する理論値が，(I.4.1), (I.4.2), (I.4.4), (I.4.6) から計算されたものとして示されている．

表 I.5.2　理論値

a	b	p	m	P_A
9	1	0.50	9	0.1
90	10	0.50	900	0.1
9	1	0.45	11	0.2101
90	10	0.45	765.6	0.8656
99	1	0.45	171.8	0.1818
99	10	0.40	441.3	0.9827
99	1	0.40	161.7	0.3333

理論とシミュレーション・コードの間の一致は顕著だが，モンテカルロ・シミュレーションが絶対確実だとは思わないように．たとえば，B が限りなく金持ちだったと仮定する．それは単に A が B を破滅させることが不可能であることを意味している．一方，$p < q$ であれば，確かに B が A を破滅させることは可能である．しかしながら，もし $p > q$ であるなら，無限に金持ちである B によってさえ，必ずしも A が破滅されるわけではないことを示すのは難しくない．だから，B が任意に大きな富を持つギャンブラーの破滅を $p > q$ でシミュレーションすると，0 でない確率で，シミュレーションが決して終わらないこともあるのである．これは非常に現実的な問題である！

I.6　ニュートンの確率問題

前節で，ド・モアブルがニュートンの友人であったと述べた．とすれば，ここでニュートンが確率について何を考えたのか問うことは自然なことである．ニュートンは世界最大の知性の一人で，科学と数学のあらゆるところで貢献をし，それがあまりにも多いので，数え上げるなら1冊の伝記を書くしかないくらいである．ではあるのだけれど，たった2つの例外を除いて彼は確率を無視している．1つ目の例外はアクチュアリー学（保険年金の理論）への小さな寄与を集めたものであり，2つ目はほかの人から刺激されたことだけから来ている．

刺激は3通の手紙の形で到来し，最初の手紙は1693年11月22日付で，サミュエル・ピープス (1633–1703)[10] から来たものである．今日ピープスが記憶されているのは，1660年代のイギリス社会に多くの洞察を与えている，彼の死後に出版された『日記』の著者としてである．彼の手紙が来たときには，ニュートンはピープスのまだ私的なものだった『日記』のことは何も知らなかったが，それでもピープスが誰かは知っていた．1684年から1686年までピープスはロンドン王立協会の会長であったが，そのときまさにニュートンの代表作である『プリンキピア』を王立協会から1687年に出版するために準備中であったのである．実際，王立協会会長としてピープスの名前が『プリンキピア』の表紙に載っている．

ニュートンが確率論を避けているように見えるのはなぜかということはまだ歴史家にまったく明らかになっていないが，唯一の可能性は，（ニュートンの時代では）保険以外には大きな応用がギャンブラーに興味があることへのものしかないということである．つまり,「確率の解析」の追求が純粋な真実を追い求めるものではなく，単なる卑しむべき推量といったものだったのだろう．ギャンブルのことを，良識の欠乏でもあり，より価値のある活動をしない時間の無駄でもあると，多くの敬虔な人々は当時考えていたし，今も考えている．さらに悪いことに，ギャンブルははっきりと（人に神から与えられた）推論の能力を無作為の偶然に屈服させるから，そのような人々には，ギャンブルはとことん不道徳なものと考えられるのである．ギャンブルをすることはただで何かを得る [11] ことを望むということであり，堕落した泥棒と同じ態度である！

ピープス自身の『日記』（1668 年 1 月 1 日付の書き込み）には，当時のよくあるギャンブル事情がドラマチックに書かれている．そこには,「泥酔した紳士」や,「できるなら 7 を投げるのだが[2)]，非常に多くの回数投げても 7 を出すことができず，生きてる間にさらに 7 を出せることがあれば呪われてる（んだと叫んでいる）人」が「呪ったり罵ったり」したり,「不平を言ったりぼやいたり」していることが書かれているのである．サイコロを投げる酔っぱらいのような粗暴な人たちに，信心深いニュートンが罵ったり，不平を言ったり呪ったりすることなど想像ができないだけである [12]．だから，ニュートンへの最初の手紙の中で，ピープスは極めて注意深く，信仰の人に受け入れ可能なように,「真実追求目的」として，質問を述べている．

最初ニュートンは，元の形のピープスの言葉遣いでは，ニュートンが言っているように，質問の仕方が間違っていると考えた．しかしながら，結局のところ，二人は次のように定義された 3 つの事象 A, B, C の定式化に同意した．

$A = \{$ 公平なサイコロを 6 回振って少なくとも 1 回 6 が現れる $\}$

$B = \{$ 公平なサイコロを 12 回振って少なくとも 2 回 6 が現れる $\}$

$C = \{$ 公平なサイコロを 18 回振って少なくとも 3 回 6 が現れる $\}$

この 3 つの事象のうち，どれが一番，起こる確率が高いだろうか？

ニュートンは正しく各事象の可能性を計算したのだが，実際に，ガリレオは 50 年前に，彼に利用できた初等数学（単純な数えあげ）だけを使ってこの問題も解くことができただろう．この問題がわれわれにとって一番興味深い点は，ニュートンの数学には非の打ち所はないのだが（ここには驚きはない)，1 つの点で彼の**論理的**推論に罅（ひび）があるということである．何より奇妙なことは，ニュートンのこの過失が 2006 年になるまで数学者にも歴史家にも気づかれないままで来たということである [13]．

最初に，現代の解析者がピープスの質問に答えるだろう方法を済ませておこう．それをする中で，ピープスへのニュートンの回答の中の罅が容易に見つかるようになるだろう方程式を導くことにする．もし（公平であろうとなかろうと）サイコロを 1 回投げるときに 6 が出る確率を p と書けば，$1-p$ が

2)［訳註］2 つのサイコロを投げ，出た目の和によってゲームの進行が決まる賭けが，ルールが簡単であることもあって，広く行われていて，7 が出たら勝ちという規則で行われることも多かった．

6 が出ない確率になるのだから，事象 A の確率 P_A は 6 回投げて一度も 6 が出ない確率を 1 から引いた

$$P_A = 1 - (1-p)^6$$

になる．同じようにして，事象 B の確率 P_B は，1 から，12 回投げて一度も 6 が出ない確率を引き，さらに 12 回投げて**ちょうど 1 回** 6 が出る確率を引いた

$$P_B = 1 - (1-p)^{12} - \binom{12}{1} p(1-p)^{11}$$

になる．つまり，もう少し計算をすれば，

$$P_B = 1 - (1+11p)(1-p)^{11}$$

となる．そして最後に，事象 C の確率 P_C は，1 から，18 回投げて一度も 6 が出ない確率を引き，18 回投げてちょうど 1 回 6 が出る確率を引き，さらに 18 回投げてちょうど 2 回 6 が出る確率を引いた

$$P_C = 1 - (1-p)^{18} - \binom{18}{1} p(1-p)^{17} - \binom{18}{2} p^2(1-p)^{16}$$

になる．つまり，もう少し計算をすれば，

$$P_C = 1 - (1+16p+136p^2)(1-p)^{16}$$

となる．

もし $p = 1/6$ をこの表示に代入すれば，$P_A = 0.6651, P_B = 0.6187, P_C = 0.5973$ が得られる．だから，**公正なサイコロに対しては**，$P_A > P_B > P_C$ となり，これがまさにニュートンがピープスに話したことである．これがピープスにとって価値のある情報であったのは，ピープスが最初，事象 C が一番起こりそうなことと考えていたからであり，数学に心得のある別の知人あての（1694 年 2 月 14 日付の）手紙の中で，ピープスはこの質問をした元の動機が実際，ギャンブルへの関心だったことを明らかにしている．そこで彼が書いているのは，今やこの 3 つの事象に対して現実的なチャンスがあるということで，それは彼が「それまで信じていたことに基づいて賭け金（10 ポンド，1694 年当時では些細な額とは言えない）を失う崖っぷちにあった」から

であった．そのときピープスは正しいチャンスを得たのだが，それでもニュートンが彼に言ったことを理解していなかったことは明らかである．なぜなら，同じ手紙の中で，将来（別の）賭けに巻き込まれることを気遣っていると書き続け，友人にニュートンの計算は「私の理解を超えている」と告白している．

おそらくピープスに数学的能力が欠けていることを察していたニュートンは，ある点で詳細な数学を忘れようとし，ピープスが $P_A > P_B > P_C$ という結果をただちに理解できるように単純な議論を述べたのである．そしてその議論においてニュートンの躓きが見られるのである．ピープスの元の質問に答えた（1693 年 11 月 26 日付の）最初の手紙でニュートンは次のように書いている．

> 簡単な計算で，A の期待値が B や C の期待値より大きいこと，つまり，A の仕事がいちばんやさしいことがわかります．そしてその理由というのは，A は期待値のために 6 を出すすべてのチャンスを持っているが，B と C にはすべてのチャンスがないからです．というのは，B が 1 つの 6 を出すか，C が 1 つまたは 2 つしか 6 を出さないとき，それらはその期待値を失うからです．

言い換えれば，事象 A はどんな投げでも孤独な 6 さえ出れば起こるが，事象 B と C はどちらも多重に 6 が出ないと起こらない．

ニュートンの議論はサイコロが公平であることに触れていないので，もし正しければ，詰め物をしたサイコロでも正しくなければならない．しかし，それは正しくないのだ！　とりわけ，サイコロに詰め物がしてあって 6 が一番出やすかった，例えば $p = 1/4$ であるとする．確かめるのは読者に委ねたいが，以前の 3 つの等式で p にこの値を入れると，$P_A = 0.822, P_B = 0.8416, P_C = 0.8647$ となる．そうすると今度は $P_A < P_B < P_C$ となって，公平なサイコロに対する結論と反対になる．ニュートンの誤りは，可能性の数だけを考えて，その確率を考えなかったことにある．後に，ド・モアブルがその著『偶然の書 (*Doctrine of Chances*)』（註 9 に述べたように，ニュートンに捧げられた）の初版の序文を書いたとき，おそらくこのことが頭にあって，次のように言ったのだろう．

> 偶然に関するいくつかの問題は見かけが大変に単純であるので，その

解答が自然な良き感性の力だけで得られるという信念に心は容易に引き込まれる．感性はよくほかのことを示してしまうが，そのため過誤が起こるのは滅多にないことではなく，真実をほとんどそれに似てみえるものから弁別することを教えてくれるこの種の書籍が良き推論の助けになると考えられるのである．

I.7　ニュートンを驚かせただろうサイコロ問題

陳腐に聞こえる危険はあるが，本節をニュートンがかなり頭の良い人だったことを確認することから始めようと思う．おそらく彼の時代には，(最終的に) 解くことのできたサイコロのパズルは多くなかったのだろう．しかし，1959 年には，ニュートンさえも驚かせたかもしれない，心和むような単純に見えるサイコロ投げ問題の基礎となる非常に奇妙な数学的結果が公表された．

3 つの独立な確率変数 X, Y, Z があるとする．1959 年以前の数学者に $P(X > Y) > 1/2, P(Y > Z) > 1/2, P(Z > X) > 1/2$ となることが可能かと訊いたとすれば，ほとんど確実に大半の人は不可能と答えただろう．それは，数学者でさえも推移性の「自然さ」に容易に騙されてしまうからである．

たとえば，もし，「フットボールチーム A がフットボールチーム B より多くの点をとる」という事象を $A > B$ と表せば，$P(X > Y) > 1/2$ は多くの場合にフットボールチーム X がフットボールチーム Y に勝つということを意味しており，ほかの 2 つの確率の不等式も同様のことを意味している．数学者を含むほとんどの人は，直感的には，X が Y に勝ち，Y が Z に勝てば，X が Z に勝つに違いないと考える．実際にはそんなことはなく，そのような 3 つの不等式が成り立つこともあるのである．これはあまりにも驚くような結果だったので，**シュタインハウス・トリブヴァのパラドックス**と呼ばれている．1959 年にフーゴ・シュタインハウス (1887–1972) とスタニスヴァフ・トリブヴァ (1932–2008) という 2 人のポーランド人数学者が発見したからである．

このパラドックスを**推移的でないサイコロ**と呼ぶべき形で述べてみよう．3 つの同じ，完全な立方体があるとする．しかし，普通のサイコロの面上にあるような点で表わされる目ではなく，1 つの面には 1 つずつ，1 から 18 までの数が刻まれているとする．3 つの立方体を A, B, C として，その上には数が次のように配置されているとする．

A:　18, 9, 8, 7, 6, 5

B:　17, 16, 15, 4, 3, 2

C:　14, 13, 12, 11, 10, 1

AとBの36通りの落ち方を見てみると，そのうち21通りの落ち方でAの数の方がBの数より大きい．18はBのすべての6面に勝ち，9, 8, 7, 6, 5はBの3面に勝つからである．もし，AとBが公平なサイコロなら，面の各対のでる確率は1/36だから，$P(A > B) = 21/36 > 1/2$となる．同じようにして，$P(B > C) = 21/36 > 1/2$と$P(C > A) = 25/36 > 1/2$であることを確かめることができる．

受け入れにくいだろうと思うが，確かにそうなっている．冷たく硬質な数学を信じるか，あなたの嘘つきの直感を信じるか，どっちなんだということである．それはM. C. エッシャーの有名な『上昇と下降』(1960)や『滝』(1961)の絵と数学的に同等である．その絵の中で3次元のループの中で人や水がぐるぐると際限なく動き続けるパラドックスが描かれている．しかし，エッシャーの絵とは違い，上のサイコロは現実に存在するのである．

ピープスが推移的でないサイコロのことを知りさえすれば，彼が金を奪うことができそうなたくさんのカモのことを考えて，どんなにか舌なめずりをしただろうことは，想像に難くない．一方，敬虔なニュートンは，おそらく，神がそのような非道なことを起こさせることに，ぞっとするだけであっただろう．

I.8　コイン投げ問題

前に述べたように，差分方程式はしばしば確率論に登場するが，ここでその短い例を述べる（2つめの例は次節で与えられる）．この問題は短すぎるので本書の中で完全な記述をするほどではないが，省いてしまうには惜しいものである.（ニュートンだったらどう扱っただろうかを知るのは非常に興味深い.）もしコインをn回投げて，それぞれで表が出る確率が独立でpであるなら，表が偶数回出る確率はいくつか？　nが小さければ，これは答えやすい問題である．$n = 1$なら答が$1 - p$であるのは，1回投げたときに裏が出るのはその確率だからで（だから，表の数は0で，偶数で）あり，$n = 2$に対し

て答が $(1-p)^2+p^2$ であるのは，2 回投げたときに 2 回裏が出る（表が 0 回）か 2 回表が出るかがその確率だからである．n がもっと大きくなれば，数えあげは急速に圧倒的に増えていく．より良いアプローチが必要である．

$P(n)$ を「n 回投げて偶数回表が出る」という事象の確率として定義する．そのとき，$1-P(n)$ は排反事象である「n 回投げて奇数回表が出る」という事象の確率である．さて，長さ n の表 (H) と裏 (T) のシンボル[3] のあらゆる列は H か T で始まる．もし T で始まれば（確率は $1-p$），偶数個の表のために $n-1$ 個のシンボルが残っている．もし H で始まれば（確率は p），奇数個の表のために $n-1$ 個のシンボルが残っている．だから，

$$P(n)=(1-p)P(n-1)+p[1-P(n-1)]$$

となる．つまり，1 階の**非斉次**の線形差分方程式

$$P(n)=p+(1-2p)P(n-1), \qquad P(1)=1-p$$

が得られている．

これから

$$P(1)=p+(1-2p)P(0)=1-p$$

となることに注意する．だから，$P(0)=1$ としても意味がある．つまり，コインを全然投げなかったならば，表の数が 0 であることが**絶対的に保証**されているわけで，その 0 は偶数である！

さて，上の差分方程式はどのように解くのだろうか？　一般に，右辺の定数項（p という項）があると，一般解は定数にベキ項を足した形をしている．そこで，

$$P(n)=k+Ca^n$$

であると仮定する．ここで，k, C, a はすべて定数である．このように仮定した解を差分方程式に代入すると，

$$k+Ca^n=p+(1-2p)[k+Ca^{n-1}]$$

となる．この等式の両辺の定数項とベキの項をそれぞれ等しいと置けば，

$$k=p+(1-2p)k$$

[3]［訳註］英語では，コインの表を head と言い，裏を tail と呼ぶことから．

と

$$Ca^n = (1-2p)Ca^{n-1}$$

となる．これらは容易に解けて，$k = 1/2$ と $a = 1-2p$ が得られる．こうして，

$$P(n) = \frac{1}{2} + C(1-2p)^n$$

となる．

最後に，$P(1) = 1-p$ を使うと，$C = 1/2$ がわかる．だから，問題の答は

$$P(n) = \frac{1}{2} + \frac{1}{2}(1-2p)^n$$

となる．公平なコインに対してはベキ項は消えてしまい，どんな n に対しても $P(n) = 1/2$ となるが，一方，偏ったコインでは，$p \neq 0$ である限り，$P(n)$ は n とともに変化する（$p = 0$ であれば常に $P(n) = 1$ である．というのは，その場合いつも裏が出るので，表は 0 回となる）．$p = 1$ であれば（コインがいつも表になれば），$P(n)$ は n が奇数のときには 0 で，n が偶数のときには 1 となる．そして，0 でも 1 でもない p に対しては，$\lim_{n\to 1} P(n) = 1/2$ となる．

この特別なコイン投げ問題は，コード **flip.m** がするように，容易にシミュレーションすることのできる確率過程である．コードの作用は直線的である．p と n の値を定めたら，変数 *even* は 0 に初期化される（コードが終わるとき，*even* は，それぞれ n 回投げる百万回のシミュレーションから，表が偶数回になったものの数になる）．

---

flip.m

```
p=0.1;n=9;even=0;
for loop1=1:1000000
    for loop2=1:n
        result=rand;
        if result<p
            f(loop2)=1;
        else
            f(loop2)=0;
        end
```

```
    end
    total=sum(f);
    test=2*floor(total/2);
    if total==test
        even=even+1;
    end
end
even/1000000
```

コインを n 回投げるシミュレーションは，0 から 1 までの n 個の数を一様に無作為に生成することによって行い，p より小さい各数に対して 1 をベクトル変数 f に格納し，p より大きい各数に対して 0 を格納する．f の元の和をとると，n 回投げたときの表の数になる．この値（変数 $total$）の「偶数性」は，単に 2 で割ってその結果の小数点以下を切り捨てて（コマンド $floor$ を使う．$floor(3.3)=3$ であるが $floor(3)=3$ である），それを 2 倍して $test$ とすることによって確かめる．表の数が偶数のときにだけ $total$ と $test$ は等しくなる．もしそうであれば $even$ を 1 だけ増やし，それから次の n 回投げのシミュレーションを行う．$n=9$ で $p=0.1$ であれば，理論的な確率は 0.5671 であり，コードの結果は 0.5669 である．また，$n=9$ で $p=0.9$ であれば，理論的な確率は 0.4329 であり，コードの結果は 0.4326 であって，かなりよく一致している．

本書の後で出てくるパズルの中で，ここでやったことを思い出してもらうことがあるが，とても役に立つだろうと思う．

I.9　シンプソンのパラドックス，無線方向探知，スパゲッティ問題

本章の終わりに，「古い歴史」を離れて，3 つの「新しい歴史」物語の話をしよう．最初のものは，確率の非常に近い親戚である統計を使わねばならない．統計的なものは実際本書には現れず，そのことを残念に思う人もいるだろうが，本節がいくぶんかその言い訳になるのではないかと思う．プロとして 2 年を勤め上げたばかりの 2 人の野球選手 A と B を仮想的に考えよう．そ

の 2 年のそれぞれの年と 2 年の合算の彼らの打数とヒット数は次の通りであるとする（太字は打率）．

プレイヤー	去　年		今　年		合　算	
A	13/52	(**.250**)	179/581	(**.308**)	192/633	(**.303**)
B	108/409	(**.264**)	46/138	(**.333**)	154/547	(**.282**)

それぞれの年では B の方が高い打率なのにもかかわらず，2 年を合算した打率は B の方が低いことに注意してほしい！

この種のことが起こるのは多くの人にとって極めて奇妙なことに思えるようである．かなり病理的な出来事を見慣れている数学者でさえも，それをパラドックスと呼んだのである．特にそれはイギリスの統計学者エドワード・ヒュー・シンプソン（1922 年生まれ）にちなんで名付けられた**シンプソンのパラドックス**の一例である．彼は 1951 年の論文でそれを書いた（が，彼よりずっと早く 1903 年にスコットランドの統計学者ジョージ・アドニー・ユール (1871–1951) がそのことを注意している）．シンプソンのパラドックスが典型的に現れるのは，大きさの異なるデータの集合を大きな集合にまとめるときであり，それは医学研究でしばしば起こるのである．この結果は研究されるさまざまな医学的処置の価値に関して衝突する結論をもたらす．これは啓蒙よりも混乱をもたらす典型となっている．シンプソンのパラドックスの次の例は，極めて劇的に，それがどのように起こり得るかを示している．

新しい，それまでに知られていない感染症が発生し，2 つの新しい薬品が 2 つの異なる病院で試験されたとしよう．病院 1 では全部で 230 人の男性に投与され，成功失敗の結果が次のように出た．

薬品	成功	失敗
1	60	20
2	100	50

この結果からは，薬品 1 の成功率は $60/80 = 0.75$ で，薬品 2 の成功率は $100/150 = 0.67$ となる．

病院 2 では 160 人の女性に投与され，次の結果を得た．

薬品	成功	失敗
1	40	80
2	10	30

この結果からは，薬品 1 の成功率は $40/120 = 0.33$ で，薬品 2 の成功率は $10/40 = 0.25$ となる．

したがって，両方の病院で同じ結論，つまり，薬品 1 の方が良い薬だという結論が得られた．しかし，そうなのだろうか？

2 つの試験を合わせると，390 人の被験者がいることになる．薬品 1 では，100 の成功例と 100 の失敗例があり（成功率は $100/200 = 0.5$），薬品 2 は 110 の成功例と 80 の失敗例がある（成功率は $110/190 = 0.579$）．今度は，薬品 2 の方が良い薬のように見える．どういう結論を出すべきだろうか？　アスピリンを 2 錠飲んで，ベッドへ行きなさい！

2 つ目の話のために，第 2 次世界大戦の活劇映画やドラマの中ですべての人が少なくとも一度は見たことのあるシーンを思い出してもらうことから始める．シーンは小さい部屋から始まる．部屋はかろうじて揺らめくロウソクの火で照らされている．おそらくは地下の小部屋か屋根裏部屋であり，無線送信機のモールス信号のキーにかがみ込んだ男がいる．彼は手早く，レジスタンス（都市なり国なりは選んで）の地下組織から，乗り込んでくる英国 SAS 部隊（空軍特殊部隊）への,「極端な敵対感情の終結」で知られたある重要なナチの高官の所在の急な移動に関する，暗号化されたメッセージを送っている．

急にシーンはゲシュタポの地方本部に移り，地下の無線信号を拾い上げたばかりのヘッドフォンをかけた男の興奮した怒鳴り声が聞こえる．彼のボス，スーツを着て黒手袋をした獣のような顔つきの SS 大佐が大股で，アドルフ・ヒットラーとハインリヒ・ヒムラーの肖像の下の壁に貼られたその都市の詳細な道路地図に向かって歩いていく．彼は無線技士に「軍曹，ハンターのヴァンに位置の特定をさせろ．早くしろ！」と吠えたてる．

シーンがまた，高速で移動するゲシュタポの黒い無線傍受のヴァンに移ると，ヴァンは脇に寄せて止まり，屋根の上の円形のアンテナがゆっくりと回り始める．そこに，ヴァンの中のアンテナの方位角ダイアルのアップが来る．元のゲシュタポ本部で軍曹が「(通りを選んで，そこから）方位角 72 度」という報告を受信しているように，聞こえてくる．大佐に報告しているのだ．まだ地図の前にいる大佐がわかったと唸るようにいい，細い赤い糸の端を地図上のヴァンの位置にピンで留め，糸を 72 度の角に地図を横切るようにぴんと張った．それから，2 台目の傍受ヴァンが異なる通りの場所から新しい角度を報告し，2 本目の糸も同じように地図にピンで留められる．大佐は地図の糸が交わった所を軽く叩いて，悪者らしい笑みを浮かべ，ゆっくりと不気味な口調で,「さあ，捕まえたぞ」と言う．

最後のシーンは，一隊を乗せた運搬車が轟音を立ててある建物に着くと，それぞれ汚れた機関銃 MP-40 を装着した 2 ダースもの兵士を下ろすシーンである．ヒーローにとってかなりまずい状況である．

この小ドラマは私が今言ったように実際に演じきられるのだろうか？　大体はそうだが，完全にそうなるわけでもない．図 I.9.1 では点 P が地下組織の送信機の実際の位置である．最初の傍受ヴァンの報告が入ったとき，両方のヴァンの位置と計測した方位角に関する小さいが避けられない誤差のせいで，大佐の最初の糸（図では直線 A で示されている）は，P を通らないのはほとんど確からしいのだが，少しずれただけということになる．第 2 のヴァンの報告のときにも同じ状況が置き，P を通らない直線 B が得られるので，A と B の交点が p でないのはほとんど確からしい．すべきだったのは第 3 のヴァンを走らすことで，それで図に第 3 の直線 C が得られるが，同じようにこれも P とはずれている．したがって，ゲシュタポは P の位置を特定はできないが，少なくとも小さい三角形 abc の内側のどこかということは指定できただろう．それにより，兵士がこの全領域に非常線を張り，三角形の内部の徹底調査を始めることができるだろう．

しかし，P は本当に三角形の内側にあるのだろうか？　おそらくはそう，だが，P がそこにいないことも実際にはずっとありそうなことなのである．このことは物理学者のサミュエル・ゴーズミット (1902–1978) によって 1946 年の論文で示された．彼は非常に単純な確率の議論で，三角形の「外側に真の位置がある機会は 3 対 1 である」という驚くような結果を示した [14]．どのようにゴーズミットが理由付けしたかを述べよう．

図に示したように，避けられない誤差によって A は P の右側になる [4]．B

[4] ［訳註］避けられない誤差によって A は P を通らないから，左右どちらかにずれる．今はそれを右として議論を始めようという意味である．また右左というのも意味が確定しないが，図を見てこの図が右という意味であると了解すること．気分としてはヴァンから見ての左右である．

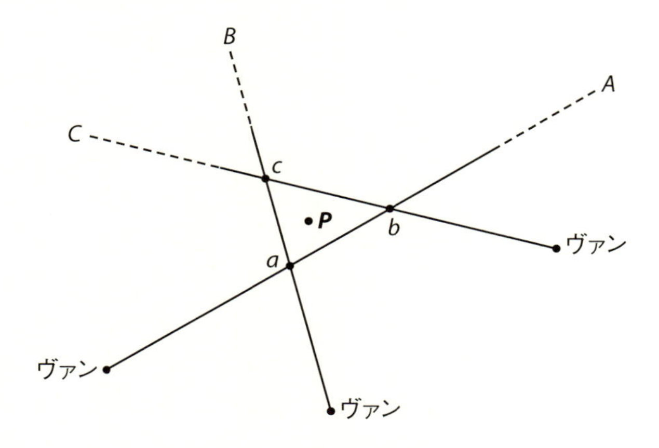

図 I.9.1　無線方位測定の幾何

が P の右側になるか左側になるかは同じ確率である（図では左にあるように描いてある）．C の位置からは，B が左に P を見るときだけ，P は三角形の内側になり得るのだが，その確率は 1/2 である．そして最後に，C が引かれたとき，C が P の上側を通るときだけ，P は三角形の内側になり得る．それもまた確率は 1/2 である．こうして，P が三角形の内側にある確率は 1/4 である．だから，P が実際に三角形の外側にある確率は 3/4 であり，内側にある確率の 3 倍である．結局のところ，多分だが，地下の無線通信士は生き延びただろう！

最後の話は最近に解決した確率の問題だが，その答はもっとも驚きに満ちたものである．今度も差分方程式が解答に対する鍵になる．沸騰する水の入ったポットに n 本のスパゲッティが入っていると想像する [5]．スパゲッティの自由な端がずっと，水面から出ていることが見えているとする．見えている端のうちの 2 つを無作為に選んで，結んで（これは純粋に数学的な問題で，ここでは現実性が一番優先されてはいない）一緒にしたものを水の中に落として戻す（結び目が見えなくなる）．これ以上自由な端が見えなくなるまでこのことを繰り返して行う．それからポットの水をザルにあける．ザルの中にいくつのスパゲッティの輪ができているだろうか？　答を $E(n)$ と書くなら，明らかに $E(1) = 1$ である．少し数え尽くしの作業をすれば，$E(2) = 4/3$ で

[5]［訳註］スパゲッティは緩やかに折り曲げられ，両端が水から出ている状態であると考えている．

あることも自分で確かめることができるだろう．しかし，$n > 2$ に対しては非常に速く非常に難しくなる（面白いから，$n = 3$ の場合に手でやってみたらいい）．だから，$E(n)$ に対する理論的な表示を導き，$n = 100$ と $n = 1000$ と $n = 10000$ に対して値を求めてみよう．物理的には $\lim_{n\to\infty} E(n) = \infty$ となるのは明らかだが，大きな n に対して結果がどんなに小さくなるかがわかると驚くことになるだろうと思う．

この問題と解答には興味深い歴史がある．2009 年 12 月，私は数学の会議で講演をするために，カリフォルニアのモンテレーに飛行機で飛んだ．講演の直前に，スティーブ・ストロガッツの新しい本 *The Calculus of Friendship*（プリンストン大学出版会，2009 年）の中で（おそらく未解決問題として置かれたのであろう）スパゲッティ問題を偶然見つけ，私は話の中でふとそれに言及した．帰宅して 2 日後，聴衆の中にいた（カリフォルニア州チャボット・カレッジ数学部の）マット・デイヴィスから e メールで次のエレガントで簡潔な解法を受け取った [15]．

n 本のスパゲッティから始めると，水面の上に突き立った $2n$ 個の端がある．その端の 1 つを無作為に選んだとき，第 2 の選択には $2n-1$ 個の端が残っている．そこで，2 つの可能性がある．1 つ目の可能性は，$\dfrac{1}{2n-1}$ の確率で，2 番目に選んだのが，最初に選んだのと同じスパゲッティのもう一方の端であることである．そうすると，輪ができて，$n-1$ 本がポットに残される．これからくる輪の数の期待値は $1 + E(n-1)$ である．2 つ目の可能性は，$\dfrac{2n-2}{2n-1}$ の確率で，2 番目に選んだのが，最初に選んだのと違うスパゲッティの端であることである．この 2 つ目に選んだものと最初に選んだものを結べば，ポットの中には単に $n-1$ 本のスパゲッティがあるだけである（そのうちの 1 本は他のものよりも長くなっているが，それは問題にしない．端はずっと見えている）．だから，これからくる輪の数の期待値は $E(n-1)$ である．

輪の数の全体の期待値を得るために，この 2 つの輪の数の期待値に確率の重みをつければ（$E(1) = 1$ であることを忘れずに），非線形の差分方程式

$$
\begin{aligned}
E(n) &= \frac{1}{2n-1}[1 + E(n-1)] + \frac{2n-2}{2n-1}E(n-1) \\
&= \frac{1}{2n-1} + \left[\frac{1}{2n-1} + \frac{2n-2}{2n-1}\right] E(n-1)
\end{aligned}
$$

つまり，

$$E(n) = E(n-1) + \frac{1}{2n-1}$$

が得られる．

非線形ではあるものの，前節のコイン投げ問題の線形差分方程式よりも実際に易しく解くことができて，

$$E(2) = E(1) + \left(\frac{1}{3}\right) = 1 + \left(\frac{1}{3}\right)$$
$$E(3) = E(2) + \left(\frac{1}{5}\right) = 1 + \left(\frac{1}{3}\right) + \left(\frac{1}{5}\right)$$
$$E(4) = E(3) + \left(\frac{1}{7}\right) = 1 + \left(\frac{1}{3}\right) + \left(\frac{1}{5}\right) + \left(\frac{1}{7}\right)$$

などとなる．一般には，$E(n) = \sum_{k=1}^{n} \frac{1}{2k-1}$ となる．こうして，$E(n)$ の部分和は，それ自身非常にゆっくりと部分和が増大する調和級数よりもさらにゆっくりと大きくなる．具体的には，$E(100) = 3.28$，$E(1000) = 4.44$，$E(10000) = 5.59$ となる．この数は個人的には直感に反する「小ささ」であると思う．このため実際，スパゲッティ問題はコンピュータのシミュレーションには適さないような，きちんと定義された物理的な確率過程の良い例になっている．n の「大きな」変化でさえも，$E(n)$ の変化は統計的な標本抽出の変動の中に飲み込まれてしまう．

百年近く前にある機嫌の悪い物理学者がある論文の中で「今日の数学者はモグラのようなもので，どうやら第 6 感でそれぞれ自分の小さな穴をうろつきまわり，(自分自身の）ゴミのような塊を積み上げている」と不平を言った．その不満を理解することは易しい．あまりに多くの現代数学が，その話題が何に関するものであるかということすらその人にしか認識できないような，専門家にしか理解できないものだから．しかし，これ以降本書の確率の問題が何に関するものであるかについて疑問には思われないだろうし，あの昔の物理学者でさえも本書の中にあるもののことは楽しんでくれると私は思う．それではお楽しみください！

註と文献

1. ゴンボウとパスカルの関係は，オイシュタイン・オーアの論文「パスカルと確率論の創造」(『アメリカ数学月報』1960 年 5 月，pp.409–419）で興味深く注意を払って述べられているように，確率論の教科書でしばしば間違った述べ方をされている．パスカルが哲学の世界で有名なのは，没後の 1669 年に出版された『パンセ』に出ているいわゆる**パスカルの賭け**のためである．これは彼が数学的期待値を使って，神の存在を信じると公言することが，ほかの点では確信的な無神論者のためにさえなると結論づけたものである．この議論には，全知の存在（神）は，公言することの精神的な空虚のことを確かに知っているだろうという事実を無視するという紛れもない欠陥がある．これ以上のことはオーアの著書『カルダノの生涯—悪徳数学者の栄光と悲惨』（プリンストン大学出版局，1953 年）[6] を見るとよい．

2. オスカー・シェイニン (Oscar Sheynin)「聖書とタルムードにおける統計的思考 (“Stochastic Thinking in the Bible and the Talmud”)」(*Annals of Science*, April 1998, pp.185–198). 聖書には，旧約にも新約にも，籤(くじ)への多くの言及がある．たとえば，イスカリオテのユダの後継者としてバルサバスとマティアスの間で選択を行わねばならなくなったとき，神の指令にはよらず，代わりに籤で行っている (使徒行伝 1:23–26)．さらにより劇的な例が 4 福音書に見つかる．それらは矛盾しあうことも稀ではないが，1 つの点では一致している．イエスの十字架での死に臨んだローマの兵士がイエスの衣服を分けたとき，彼らは籤で行った (マタイ伝 27:35，マルコ伝 15:24，ルカ伝 23:24，ヨハネ伝 19:23–24）．

3. この仮定は循環論法的である．というのは，確率が公平であることをすでに知っていることが暗黙の仮定であり，そのことを確率を定義するのに使っている！　それにも関わらず，それは有名な「私の言いたいことはわかっているでしょう」の 範疇(はんちゅう) のものであるので，循環論法だからという異議を深刻に扱うのは通常，純粋主義者の中でも純粋な人だけである．

4. A. W. F. エドワーズ (Edwards),「パスカルとポイントの問題」(“Pascal and the Problem of Points”) (*International Statistical Review*, December 1982, pp.259–266).

5. A. W. F. エドワーズ,「パスカルの問題：ギャンブラーの破滅」(“Pascal’s Problem: The ‘Gambler’s Ruin’ ”)(*International Statistical Review*, April 1983, pp.73–79). この問題は，より刺激的ではないがより真面目な「2 つの吸収壁を持つ乱歩」という名前の問題と同値である．

6. ポール・J・ナーイン『パーキンス夫人の電子キルトとその他の数理物理学の興味をそそる話題』(*Mrs. Perkins’s Electric Quilt and Other Intriguing Stories of Mathematical Physics*)（プリンストン大学出版会，2009，pp.241–245）．私の差分方程式の議論は特殊な

---

[6] ［訳註］1978 年に安藤洋美による日本語訳が東京図書から出版されている．

場合であり，より一般な場合についてはウィリアム・フェラーの『確率論とその応用』(*An Introduction to Probability Theory and Its Applications*)[7](New York: John Wiley, 1968, pp.344–349) の第 1 巻を参照のこと．

7. エディー・シュースミス (Eddie Shoesmith)「ギャンブラーの破滅問題のホイヘンスの解答」(“Huygens's Solution to the Gambler's Ruin Problem”) (*Historia Mathematica*, May 1986, pp.157–164).

8. A. R. サッチャー (Thatcher)「勝負の持続期間の問題の初期の解答についてのノート」(“A Note on the Early Solutions of the Problem of Duration of Play”) (*Biometrika*, December 1957, pp.515–518).

9. 破滅の確率の通常の教科書の導出は，差分方程式のアプローチを使った，ヤーコプ・ベルヌーイ (1654–1705) の死後の 1713 年に出版された有名な『推測術』(*Ars conjectandi*) に見受けられるものである（註も見ること）．しかし，ド・モアブルの導出が実際に最初に印刷されたのは，ロンドン王立協会の雑誌 *Philosophical Transactions* の 1711 年のものに掲載された小論「偶然の計測」(“De Mensura Sortis”) であり，その後また 1718 年のド・モアブルの著書『偶然の書』(*Doctrine of Chances*)（初版はニュートンに捧げられた）にも掲載された．ド・モアブルの仕事はオランダの数学者アンデルス・ハルトの論文「A. ド・モアブルの “*De Mensura Sortis*” または『偶然の計測』」(*International Statistical Review*, December 1984, pp.229–262) で素敵なチュートリアルな論評をされた．

10. フローレンス・N・デイヴィッド「ニュートン氏，ピープス氏，ダイス：歴史ノート」(“Mr. Newton, Mr. Pepys & DYSE: A Historical Note”) (*Annals of Science*, September 1957, pp.137–147) とエミール・D・シェル「サムエル・ピープス，アイザック・ニュートンと確率」(*American Statistician*, October 1960, pp.27–30) という 2 つの論文の中にこれらの手紙が印刷されているのを見ることができる．デイヴィッドの *Annals of Science* 誌の論文のタイトルの中の DYSE が何だかわからないとしたら，それは何百年前もの手紙がいつも簡単には読めないという理由の 1 つであって，つまり，これはサイコロ (dice) の古風な綴りなのである．カリフォルニア大学バークレー校の統計学の教授だったデイヴィッド (1909–1993) は，1962 年に確率の非常に素晴らしい歴史（ニュートンの時代までの）の本を書いた．その本の存在を示しておくだけの価値のある労作である[8]．

11. これによって私が言いたいことをいきいきと示す例が，ロレーヌ・ダストン『啓蒙運動における古典的な確率』(*Classical Probability in the Enlightenment*)（プリンストン大学出版会，1988，p.160）に見受けられる．そこでは籤（くじ）の「雑多なひいき筋」のことを次のように述べている．「3 ペンスの地所を得ようとする驚くべき希望を持って 1 方向に流れる，御者，従僕，奉公人，召使の女中たちの潮流．騎士，郷士，郷紳，実業家，既婚夫人，

[7]［訳註］卜部舜一による日本語訳が紀伊国屋書店 (1960) から出版されている．

[8]［訳註］*Games, Gods & Gambling: A History of Probability and Statistical Ideas* というタイトルで，1998 年に Dover 出版社からペーパーバックとして再刊されている．

未婚の御婦人，浮気者たちなどが，1 クラウン（5 シリング銀貨）で 1 年に 6 百クラウンを得るというワクワクした期待を抱いて，徒歩で，セダンで，2 輪や 4 輪の馬車でまた他の仕方で進む.」ピープスがニュートンに書いた元々の手紙は，1693 年にクライスツ・ホスピタル[9] の習字の教師だったジョン・スミスのような投機家とピープスとの関与によって促されたものである．問題を最初に定式化したのはスミスだった．そのことを彼が（ホスピタルの長だった）ピープスに訊ね，今度はピープスがニュートンに訊いたのである．これ以上のことを知りたければ，T. W. Chaundy と J. E. Bullard の論文「ジョン・スミスの問題」(*Mathematical Gazette*, December 1960, pp.253–260) を参照のこと．

12. ニュートンの時代のギャンブルには，少なくともしばらくの間，広くさまざまな社会階層やクラスの，あらゆる種類のだらしなくいかがわしい人々を集まらせるという興味深い特徴を持っていた.（1663 年 12 月 21 日付の）日記の中でピープスは，闘鶏の見物中のこととして,「閣下！　ご覧ください，人々のさまざまなこと，国会議員から……もっとも貧しい徒弟，パン職人，ビール造り，肉屋，荷馬車引き，ほかにも．誰もがたがいに罵ったり賭け声を上げげたり」と報告している．

13. ステファン・M・スティグラー (Stephen M. Stigler)「確率論学者としてのアイザック・ニュートン」(“Isaac Newton as a Probabilist”) (*Statistical Science*, August 2006, pp.400–403).

14. サミュエル・ゴーズミット「3 本または 4 本の位置直線を使った位置探索の精確性」(“Accuracy of Position Finding Using Three or Four Lines of Position”) (*Navigation*, June 1946, pp.34–35)．この論文の編集者の紹介記事には，ゴーズミットが「戦争の早い時期，機密の任務でヨーロッパ戦域に行かされるまでは」MIT の放射線研究所（レーダーの研究をしていた）で理論グループを指揮していた，と書かれていた．それ以上のことは言われていないが，ゴーズミットの任務は Alsos 作戦の科学部長であったことが後に明らかになった．フランス海岸に D デイ上陸の後，ドイツの原爆計画の詳細を発見する目的で，ノルマンディー上陸軍のすぐ後に続いて行った，アナリストのグループに対する秘密名が alsos である（この見たところ奇妙な名前は実際には内輪のジョークであった．alsos は groves（木立）を意味するギリシャ語だが，それはアメリカの原爆のマンハッタン計画の責任者レスリー・グローブズ (Leslie Groves) 将軍にちなんだものである）．

15. スパゲッティ問題の元々の表現（壺の中のスパゲッティの代わりに箱の中の紐で表されている）とその解答は 2 人のオーストラリア人の技術者によってなされた．Dushy Tissainayagam と Brendan Owen の論文「箱の中にいくつの輪が？」(“How Many Loops in the Box?”) (*Mathematical Gazette*, March 1998, pp.115–118) 参照.

---

[9]［訳註］イングランド，サセックス州にあるパブリックスクールで，ブルーコート・スクールとも呼ばれ，貧家の子弟を教育して有名人を輩出したことで知られる．元は慈善施設だったのでホスピタルと呼ばれたもの．

挑戦問題

本書の正式な問題を始める前に，ここに読んで考えてもらう挑戦問題を挙げておく．正式な問題を進んでいくにつれて，挑戦問題を攻撃するのに役に立つようなアイデアや数学的な手法を拾い上げることになるだろう．これらは必ずしも易しい問題ではないし（いくつか積分をしないといけない），多くの問題については長くかつ真剣に考えないといけないだろう．すべて厳密な解答があるし，本書の終わりには（モンテカルロのシミュレーションを含んだ）完全な議論がある．しかし，それを見る前に，これらの問題を真剣に考えてみることを強くお勧めしたい．

(1) 2 辺の長さが独立に，0 から 1 までのある長さに無作為に（一様に）指定された可能なすべての三角形を考える．これらの三角形の中から，第 3 の辺の長さがちょうど 1 であるようなものの作る集合 S を考える．もし S から無作為に三角形を選ぶならば，それが鈍角三角形である確率はいくつか？

(2) 1980 年代にガラスの棒の問題と呼ばれる次のパズルの変形がイギリスの数学雑誌 *The Mathematical Gazette* に多数掲載された．最初に提案され解かれたのは次のもので，1981 年 3 月号に掲載された．

> ガラスの棒が落ちて 3 つに割れる．それらを使って三角形を作ることができる確率はいくつか？

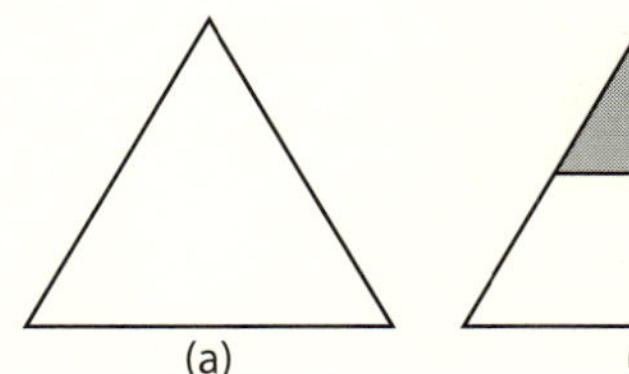

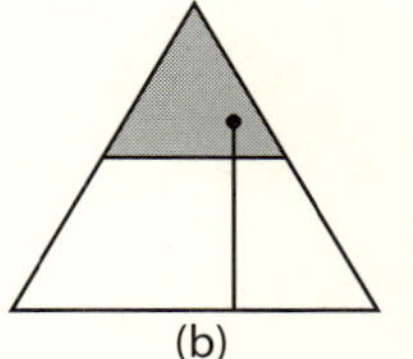

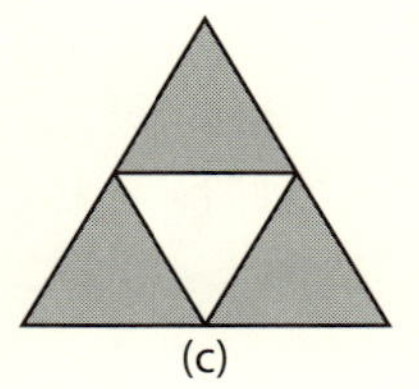

図 **C.3.1**　ガラスの棒の問題

高さが棒の長さ（1 とする）である正三角形を考える．どの内部の点から 3 辺への垂線の長さの和も 1 であることが容易に証明される（ここでは証明はしないが，これを証明したと言われているイタリアの数学者ヴィンチェンツィ・ヴィヴィアーニ (1622–1703) にちなんで，しばしば**ヴィヴィアーニの定理**と呼ばれている．ユークリッドの『原論』に載っていない定理である）．さらに，和が 1 であるようなどんな非負の 3 数が与えられたときも，（ある定められた順序で）3 辺からの距離がちょうどこの 3 数であるような内部の点がただ 1 つ存在する（この距離が 3 つに割れた部分の長さになる）．それゆえ，三角形の内部の点と折れた棒の 3 つの部分の可能な長さとの間に 1 対 1 対応がある（図の (a) 参照）．もし底辺からの垂線が (b) の影の領域まで伸びていれば，その長さは 1/2 を超え，示された点は三角形を作ることに失敗することに対応する（三角形を作るには，もちろん，3 つの部分の長さはすべて 1/2 より小さくないといけない）．しかし，同じことが他の 2 つの垂線についても言え，((c) に示したように）それぞれ三角形の 1/4 の 3 つの失敗領域ができる．だから，3 つの部分から三角形を作ることができる確率は $1/4(=1-3/4)$ である．

そう，たしかに巧妙だね！　だけど，納得した？　ここでは，影なしの領域と三角形全体の面積との比をとることによって，幾何的確率の中心的な仮定に訴えている．三角形の各小領域は，内部の点の位置として（同じ面積の）他のどんな小領域とも同じように選ばれるという仮定．ここでそれが成り立つのだろうか？　今のところは余り質問を真剣にとらないでほしい．上の分析は間違っているかもしれないし，正しいかもしれない．してほしいことは単に，問題の表現と分析の中で行った暗黙の仮定について慎重に考えることである．このことが重要なのは，後の挑戦問題で極めて役に立つからである．

(3) しばらく前問を考えた後で，ガラスの棒の割れ方を（ずっと）より注意深く特定する点が異なるだけの，同じ問題に見える問題を考えよう．棒の長さが 1 であり，左端を 0 とし右端を 1 とする．これを次のように割る．0 から 1 までの区間に，無作為に（一様に）2 つの分割点を独立にとる．それを，0 からの距離が x と y であるとする．割れた部分の長さに関して 2 つの可能性がある．$x < y$ かもしれないし，$x > y$ かもしれない．$x < y$ であれば，長さが $x, y - x, 1 - y$ の 3 つの部分に分かれる．$x > y$ であれば，長さが $y, x - y, 1 - x$ の 3 つの部分に分かれる．その 3 つの部分から三角形が作れる確率はいくつか？

(4) 前問の続きとして，三角形ができたとしよう．そのときに，それが鈍角三角形になる確率はいくつか？

(5) 最後にもう 1 つ，割れた棒の問題を．最初に，0 から 1 の区間から無作為に選んだ点で棒を割る．それから得られた 2 つのうち長い方をとって（1 回目に割ったときに，いつでも長い短いができる），その長さに関して（一様に）無作為に選んだある点で割る．得られる 3 本の部分で三角形ができる確率はいくつか？

(6) 棒を割って三角形を作るのには飽きただろうか？　それでは，ダーツ投げにしよう．半径 1 の円形のダーツボードがあって，そこに 2 本のダーツを投げるものとする．2 つのダーツとも，独立で無作為な場所に当たる．いつものように，無作為さは一様であるとする．2 つのダーツの間の距離が 1 以上である確率はいくつか？

(7) 原点を中心とする円が与えられたとき，周上に無作為に 3 点をとる．無作為という意味は，次のようにして 3 点を選ぶこととする．最初に周上の任意の点をとり，それから円を回してその点が正の x 軸上に来るようにする．これで最初の点が決まるが，円の対称性から，一般性を失うことなくこれはできる．それから，2 つの角 α と β を独立に，それぞれ 0 から 2π までの間から一様にとる．2 つ目の点は 1 つ目の点から（反時計回りに）角 α の位置にあり，3 つ目の点は 1 つ目の点から（これも反時計回りに）角 β の位置にある．さて，これらの点を三角形の頂点とするとき，円の中心（原点）が三角形の内部にある確率はいくつか？　［ヒント］最初はこのプロセスをシミュレーションして，それから理論的な解析がしたくなるかもしれない．

(8) 同じ能力を持つ6つのスポーツ・チームがリーグを作っていて，毎年全体の優勝チームを決めるために長いシリーズのゲームを行う．毎年，優勝チームは輝かしいトロフィーを受けとる．もし同じチームが3年連続してトロフィーを獲得すれば，そのチームは永久にそのトロフィーを自分たちのものにできる．トロフィーがあるチームのものになる確率が少なくとも1/2になるまでに，この6チームは何年間試合をしなければいけないか？　リーグのチーム数が10になったら，答はどのように変わるか？（［ヒント］この問題は解析的に解くことができる差分方程式として定式化することができるが，コンピュータのアプローチのほうがはるかに易しいことがわかるかもしれない．）

(9) あるゴルファーが長いショットを打って，完全に平坦な正方形のグリーンの上に無作為に落とすと考える．ホールはグリーンの中心にあるとする．ボールがグリーンの縁よりもホールに近い確率はいくつか？

(10) 最初，壺の中に b 個の黒い玉と w 個の白い玉が入っていると考える．ここで，$b, w > 0$ とする．無作為に玉をとり出し，色を確かめてから捨てる．それからまた無作為に1つずつ玉をとり出し，その色が最初の玉の色と同じである限り捨てていく．しかし，違う色の玉を引いたときはそれを壺に戻す．それから，この手続全体を繰り返す（次に引いた玉の色を記録して捨て，……）．最後に，壺の中には玉が1つだけ残ることになる．それを引いたとき，それが黒い球である確率はいくつか？

(11) 本書にはすでに，サイコロ投げを含む確率の問題を扱う歴史的な議論がかなりの量含まれているので，最後から2つ目の挑戦問題としてもう1つの問題を挙げておこう．スイスの数学者ヤーコプ・ベルヌーイ (1654–1705) は1685年に次の問題を定式化し，1690年に初期の科学雑誌である『学術論叢』[10] で1690年の記事でこの問題を論じている．2人のプレイヤーAとBが交替でサイコロを投げる．最初にエース（1の目のある面）を

---

[10]［訳註］*Acta Eruditorum Lipsiensium* で，『ライプツィッヒ学術論叢』ないし『ライプツィッヒ学報』と訳すべきもの．1409年に設立されたライプツィッヒ大学（ラテン名ウニヴェルシタース・リプシエンシウム）のオットー・メンケが，1681年の春ライプニッツに学術研究雑誌の創刊を相談し，翌1682年に創刊されたもの．第1号にライプニッツの論文が，その後もライプニッツやその弟子であるベルヌーイたちの論文が掲載されている．

出したほうが勝ちである．ゲームは次のように進む．1 回目に A が 1 回投げ，A がエースを出さなかったら B が 1 回投げる．B がエースを出さなかったら 2 回目となり，A が投げる番になるが今度は 2 回投げる．A が 1 回もエースを出さなかったら B が 2 回投げる．これを続ける．回が新しくなるごとに，各プレイヤーには投げる回数が 1 回増える．つまり，k 回目に投げるときには A が k 回投げ，A がエースを出さなかったら B が k 回投げるのである．A が勝つ確率はどれだけか？

(12) 最後の挑戦問題として，大学の確率の 1 年生用の講義の最終試験問題レベルの問題を出しておこう．それは理解することは易しいし，シミュレーションすることは非常に易しいが，解析的に解くためには確率論の基礎を本当に理解していなければならない．だから，かなりの準備が必要で，それをこれからやることにする．2 つの数を独立にとる．それぞれ -1 から 1 までの区間に一様に分布しているとする．それを A と B と呼ぼう．$A^{2/3}+B^{2/3}<1$ となる確率はいくつか？　このシミュレーションは朝飯前の仕事で，それを行う MATLAB® のコードは次のとおりである．

final.m

```
s=0;p=1/3;
for loop=1:1000000
    A=(-1+2*rand)^2;B=(-1+2*rand)^2;
    A=A^p;B=B^p;
    if A+B<1
        s=s+1;
    end
end
s/1000000
```

数回走らせると，コードはこの確率に対して 0.2937 から 0.2957 までの間の評価を与える．この確率の厳密な値を計算せよ．(ところで，A と B を求めた後，コードは最初それを 2 乗し，それから 3 乗根をとることに気がつくだろう．もちろん，それは 3 分の 2 乗をしているのだが，なぜ直接に $A^{2/3}$ と $B^{2/3}$ を計算しなかったのだろうか？　私がこのように計算した理由は，A（や B）が負であれば 3 分の 2 乗をした数は正であり，コードにあるように計算すれば結果が正になることが保証されるからである．直接に $A^{2/3}$ と $B^{2/3}$ と書くとうまくいかないのは，コンピュータの中では 2/3 は 0.66666666... をある有限桁の数にしたものになり，結果が複素数になってしまうからである.）

第  章

棒を折る

1.1 問題

最初のパズラについては，易しいウォーミングアップ問題を考えることから始める．それから変更を非常に少しだけ加えて（というか，最初はそう見えるようにして），あなたが驚くような結果が出てくるような新しい問題を作る．この新しい問題は理論的に答えることはまだ難しいわけではないが，結果は十分に驚くようなものであって，どこかで間違いを起こしていないことを納得してもらうためにはコンピュータ・シミュレーションの助けがいるようなものである．とは言え，ウォーミングアップを始めよう．

単位の長さの棒を持っているとしよう（単位は好きなものでよい）．誰かがその棒の上に 2 つの見えない印をつけたとしよう.「独立で無作為に」という言葉には極めて厳密な数学的意味がある．はっきりと言えば，それぞれの印は 0（左端）から 1（右端）まで棒に沿って一様に選ばれていて，それぞれの印の位置はもう 1 つの印の位置とは何の関係もないということである．次に，2 つの見えない印がどこになるか何も知らない第 2 の人物が，棒を折って n 個の同じ長さの小片にする．2 つの見えない印が同じ小片の上にある確率はいくつか？

1.2 理論的解析

答は $1/n$ である．理由を述べよう．明らかに，1つの印はどれか1つの小片の上になければならない．もう1つの印が同じ小片の上にある確率は，ある小片の上にあるのは他のどの小片の上と同じようにありそうなので，(同じように明らかに) $1/n$ である．これでいい，一丁上がりだ．ここでちょっと問題を変えて，もう少し面白くしてみよう．2つの見えない印は前と同じようにつけるけれど，今度は第2の人物が $1/n$ 個の等しい小片に折るのではなく，$n-1$ 個の場所を独立かつ無作為に選んで，その位置に印をつけ，それらの場所で棒を折ることにする．得られるのはまた n 個の小片だが，今度は必ずしも長さは同じでない．さて，第1の人物がつけた2つの見えない印が同じ小片の上にある確率はいくつになるだろうか？

答がまだ見えないとしても，最初の答である $1/n$ よりも大きいか小さいかという感触があるだろうか？　この先を読む前に考えて，驚くことになるかどうかを見てほしい．私は驚いたのだ．

2つの見えない印と $n-1$ の折り場所を合わせると全部で $n+1$ 個の印が，棒に沿ってそれぞれ独立かつ無作為に位置していると考えてよい．一番左の印を1番目，そのすぐ右にある印を2番目，などとしていくと，一番右の印は $n+1$ 番目になる．そうすると，$n+1$ 個の印のうち2つを見えない印に選ぶのには全部で $\binom{n+1}{2}$ の異なる方法がある．ここで，$\binom{x}{y}$ は2項係数 $x!/(x-y)!y!$ である．x と y はともに非負の整数で，$y \leq x$ を満たしているとしている．ここで，次の決定的な事実に気がつく．つまり，この2つの見えない印が折られた棒の同じ小片上にあるためには，その2つの印は隣り合っていなければならない（つまり，1つ以上の折り場所で分離されていない）．ということは，見えない印は，1番目と2番目か，2番目と3番目か，3番目と4番目か，…，n 番目と $n+1$ 番目かのどれかでなければならない．この異なる可能な対の数は全部で n である．

だから，答は直ちに得られる．2つの見えない印が同じ小片上にある確率は

$$\frac{n}{\binom{n+1}{2}} = \frac{n}{(n+1)!/2!(n-1)!} = \frac{2n}{(n+1)n} = \frac{2}{n+1}$$

である．つまり，無作為に棒を折ると，n が大きいとき，2つの見えない印が同じ小片上にある確率は，棒を等分に折るときと比べて，ほとんど2倍になる．確率が大きくなるだろうと考えたとしても，これほど大きくなると思えただろうか？

もしこの問題が易しすぎると思うのなら，放射線損傷を受けた染色体がどのように自己修復するかという単純なモデルである，次の発展問題を考えてみてほしい.（染色体は細胞の中の長い，糸状の構造のもので，遺伝子を運ぶものであり，遺伝子は長い構造に沿って連なっている．遺伝子は個としての我々を，眼の色から鼻の形，疾患に対する素質までを弁別する情報の運び手である．それだから，壊れた染色体は困ったもので，細胞に損傷を残す.）n 個の棒切れ（染色体と考える）のそれぞれを2つの小片に折り，折った棒切れの2つの部分を長い部分と短い部分と呼ぶと，$2n$ 個の部分が大きな山になる．それから，無作為に部分を対にして接着する．接着した対に対しては，長+長，長+短，短+短の3つの可能性がある．得られた n 個の接着された対が，すべて短い部分に長い部分が接着したものになっている確率はいくつか？（長い部分が元の短い部分と再結合しているということは仮定しない.）

1.3　コンピュータ・シミュレーション

第2の問題に対する理論的な結果 $2/(n+1)$ を確かめるために，次に，**marks.m** と呼ぶモンテカルロのシミュレーションをしてみよう．それは次のように働く．棒を折る小片の数である n を得たあと，コードは変数 $same$ をゼロに初期化することから始め，シミュレーションを1回するごとに増やしていき，2つの見えない印が同じ小片に乗ったときに終わりにする．それから，最初の百万回のシミュレーションを始める．行ベクトル x は，棒の $n-1$ 箇所のデタラメな折り位置を受け取り，それから行ベクトル cut は，左から右へ，昇順に x の値を割り当てる．つまり，

$$0 < cut(1) < cut(2) < cut(3) < \cdots < cut(n-1) < cut(n) = 1$$

となる．$cut(n)$ は実際の折り場所ではなく単に棒の右端であることには注意しておくこと．見えない印のデタラメの場所は $y(1)$ と $y(2)$ である．

それから，ともに1と初期化した変数 $look$ と k を使って，$while/end$ ルー

プは $y(1)$ にある見えない印が壊れた棒のどの部分にあるかを決定し，変数 *remember* にはその部分の番号を割り当てる．それから，最後の *if/else/end* ループは $y(2)$ にある見えない印が同じ小片の上にあるかどうかを見るためのものである．最後のシミュレーションが終わったときに，*same* の値は 2 つの見えない印が同じ小片上にあった全回数となるから，*same*/1000000 は求める確率のコードによる値である．表 1.3.1 は，$2 \leq n \leq 9$ に対して，理論と実験を比較するものである．見てわかるように，かなりよく一致している．

---

marks.m

```
n=input('How many pieces (=>2)?')
same=0;
for trials=1:1000000
    for loop=1:n-1
        x(loop)=rand;
    end
    cut=sort(x);cut(n)=1;
    y(1)=rand;y(2)=rand;
    look=1;k=1;
    while look==1
        if y(1)>cut(k)
            k=k+1;
        else
            remember=k;look=0;
        end
    end
    if remember==1
        if y(2)<cut(remember)
            same=same+1;
        end
    else
        if y(2)<cut(remember)&&y(2)>cut(remember-1)
            same=same+1;
```

```
        end
    end
end
same/1000000
```

表 1.3.1　理論　対　実験

n	理　論	シミュレーション
2	0.666666	0.666789
3	0.5	0.500083
4	0.4	0.399306
5	0.333333	0.334058
6	0.285714	0.285119
7	0.25	0.249765
8	0.222222	0.221585
9	0.2	0.199694

さて，n 個の折れた棒の上の発展問題はどうだろうか？　棒を折るときに，それぞれの部分に絵の具で数字を書くとする．最初の折れた棒切れの長い方に 1 と書いて，短い方に 2 と書く．2 つ目の折れた棒切れの長い方に 3 と書いて，短い方に 4 と書く，というようにする．この手続きにより，n 個すべての棒切れを折り終わったときに，$2n$ 個の小片のそれぞれに 1 つの数字が書かれていることになる．言い換えれば，$2n$ 個の小片は**区別できる**．次に，デタラメに対にして小片を接着し始める．次のイメージを使って，これをどのようにするのかを説明しよう．

目の前に $2n$ 個の箱が左から右へ並んでいる．それぞれの箱に 1 つの小片を入れる．それから，左から右へ一度に 2 つの箱をとり，2 つの箱の中の小片を接合する．$2n$ 個の小片を $2n$ 個の箱の中へ，それぞれの箱の中には 1 つの小片というように入れる**区別できる**方法の総数を N_1 と定義する．たとえば，19 と 7 と書かれた小片が与えられた対の箱に入っていたとすれば，順序 19,7 は交換した順序 7,19 とは**区別できる**．たとえ，両方の可能性が接着される同じ 2 つの小片を表しているとしてもである．また，箱の対がそれぞれ長短の小片を 1 つずつ含んでいるような区別できる方法の総数を N_2 と定義する．そのとき，我々の問題の答は N_2/N_1 である．

N_1 を計算するために，一番左の箱から始めて，$2n$ 個の小片の 1 つをその中に入れる．その右隣の箱には残りの $2n-1$ 個の小片の中の 1 つを入れ，などと続ける．だから，

$$N_1 = (2n)(2n-1)(2n-2)\cdots(3)(2)(1) = (2n)!$$

となる．

N_2 を計算するために，最初の 2 つの箱には長い小片が 1 つと短い小片が 1 つ入っていないといけないことに注意する．それぞれの型のもので使えるのは n 個の小片なので，そのようにする区別できる方法の数は $2(n)(n) = 2n^2$ である（2 という因子はある理由はどちらの小片がどちらの箱に入ってもいいということから）．次の 2 つの箱に対しては，それぞれの型のもので使えるのが $n-1$ 個になっているので，$2(n-1)^2$ 通りの方法で長短の小片を 1 つずつ入れることができる．このように続けていくと

$$N_2 = \{2n^2\}\{2[n-1]^2\}\{2[n-2]^2\}\cdots\{[3]^2\}\{2[2]^2\}\{2[1]^2\} = 2^n(n!)^2$$

となる．

問題の答は $2^n(n!)^2/(2n)!$ である．人間の細胞には 46 の染色体があるので，$n = 46$ に対してこの表示の値を求めることに興味がある．分母が 92!であることがわかるが，これはかなり大きい（小さな電卓などでは圧倒される）ので，$n!$ に対するスターリングの漸近公式 $n! \sim \sqrt{2n}\, n^n e^{-n}$ を使うのが役に立つ．我々の確率の表示が 1.7×10^{-13} くらい（これはあまり大きくない）であることがわかることが確認できる．

第2章 双子

2.1 問題

2008年2月にアクロン大学の生体医工学の教授であるブルース・C・テイラーから非常に興味深いeメールを受け取った．ブルースは私の著書『ちょっと手ごわい確率パズル』[1)] を読んだところで，そのため私に手紙を書こうと思ったらしい．以下のように彼は書いてきた．

> 自分では解くことができなかった面白い確率の問題があって，あなたに解答が得られるかどうか見てみたいと思っているだけです．あるクラスで，乱数発生器を使って実習のグループを割り当てていたときに問題が起こりました．後でわかったことですが，そのクラスには20人の学生がおり，そのうちの2人が親しかった（双子の姉妹だった）のです．そうです，運が良かったのでしょう，2人の姉妹は4人からなる同じ実習グループになったわけです．私はクラスを4人からなる5つのグループに分けました．私と同僚は，2人の姉妹が同じグループになるという確率はどれくらいだろうと考えました．初めのうちこれはすぐにわかるような問題だろうと思っていましたが，今のところお手上げなのです．確率論的なモデルを使って問題を解くためにMATLAB® のプログラムを書いて，10万回の繰り返しをして0.16という確率が得られました．こ

[1)] ［訳註］原著は *Duelling Idiots and Other Probability Puzzlers* と言い，プリンストン大学出版会から2000年に出版されているもので，松浦俊輔による日本語訳が『ちょっと手ごわい確率パズル』という題で青土社から出版されている．

れが正しい答なんだろうと思うのですが，解析的にはどうやっても同じ答の近くにも行かないのです．あなたならやってみたいと思うのではないだろうかと思ったのです．

そう，これに誰が抵抗できるだろか？

少し考えて，近似的に 0.1579 となる有理分数という理論的な結果に到達したので，ブルースに返事をして「(モンテカルロの) 評価が 0.16 だったと言われましたが，実際には少し小さかったでしょうか？」と尋ねた．戻ってきたブルースの返事は「10 万回の繰り返しで 3 回シミュレーションをして，それぞれの結果は (1) 0.1591, (2) 0.1570, (3) 0.1557 でした.」であった．私の分数との一致は悪くない．それから，私もシミュレーションの MATLAB® コードを書いて，0.1579092 という評価を得たが，さらに理論値に近いものとなった．

2.2 理論的解析

ブルースの問題に理論的に答えるため，彼に書き送ったものをあげておこう．ここで，$\binom{x}{y}$ は最初の問題と同じように $\frac{x!}{(x-y)!y!}$ である．x と y はともに非負整数で $y \leq x$ を満たすものである．

まず，無作為に 20 人の学生を 4 人ずつの 5 つのグループに分ける方法の総数 (TNW; Total Number of Ways) を求めるために，5 つの大箱があると考えます．最初の大箱に 20 人から 4 人を置き，それから 2 つ目の大箱に残りの 16 人から 4 人を置き，それから 3 つ目の大箱に残りの 12 人から 4 人を置き，というようにします．こうすると，$TNW = \binom{20}{4}\binom{16}{4}\binom{10}{4}\binom{8}{4}\binom{4}{4}$ となります．

次に，同じ大箱に双子が一緒になる方法の総数 (TNWTT; Total Number of Ways, Twins Together) を求めるために，最初に双子をくっつけると考えます．双子の一人を選んだとき，自動的にもう一人も選ぶことにします．くっつけた双子を大箱の 1 つに入れて，残りの 18 人をそのままにする方法は 5 通りです．双子と一緒にする 2 人を選んで，残りの 16 人の学生をそのままにする方法は $\binom{16}{2}$ 通りです．それから前と同じように解析をすると，$TNWTT = 5\binom{18}{2}\binom{16}{4}\binom{10}{4}\binom{8}{4}\binom{4}{4}$ となります．欲しかった確率は

$$\frac{TNWTT}{TNW} = \frac{5\binom{18}{2}}{\binom{20}{4}} = \frac{5 \cdot 18!/16!2!}{20!/16!4!} = 5\frac{18!4!}{20!2!} = 5\frac{(4)(3)}{(20)(19)}$$
$$= \frac{3}{19} = 0.15789\ldots$$

となります．

上の解析はとても簡単に見えるが，今では，本書の最初の頃の査読者（ニック・ホブソン）がずっと易しくて，一目で結果がわかるような方法があることを教えてくれている．実習の20の持ち場は20は埋めなければいけないが，実習の各班の持ち場はそれぞれ4つである．双子のうちの一人はもちろん，**どこかの**実習班に属すことになるが，まだ空いている19の持ち場の中で，**その**班の持ち場は3つである．だから，2人目の双子がその3つの持ち場のどれかを埋める（つまり，姉妹と同じになれる）確率は3/19である．とまあ，これだけのことである．

2.3　コンピュータ・シミュレーション

モンテカルロ・シミュレーションを書くために，次のイメージが役に立った.（このシミュレーションのコードはニックの巧妙な考察を受け取る前のことだったので，多分もっと良いシミュレーションもあるだろうが，それを見つけるのは**読者**に任せることにする.）20人の学生が私の前に，ある（無作為に）順番で一列になって，肩を寄せて立っていると想像することから始める．各自が1枚の紙を持っている．この紙にはそれぞれ1つの数が書いてある．双子の紙には2と書いてあり，ほかの学生の紙には1と書いてある．一番左端（学生1）から始めて最初の4人は実習班1に割り当て，次の4人は実習班2に，というようにして，学生17から学生20までは実習班5に割り当てる．双子がどの実習班に属すかのシミュレーションをするのに必要なのは，1から20までの2つの異なる整数を無作為に生成することである．その整数が肩を並べて立つ列のどこに双子が立っているかという場所を決めるのである．

シミュレーションのコードは，各実習班の学生が持っている紙の数を，単に班ごとに足すだけで，2人の双子が同じ実習班に割り当てられたかどうかを決めることができるのである．実習班に一人も双子がいないなら，班の和は4であり，双子が一人いれば班の和は5である．しかし，班の和が6であるのは，その班に双子が2人ともいるということを意味する．これがシミュレーションのコード **twins.m** の背後にある決定論理である．**twins.m** が（ある意味で）超最良なコードであるという主張はしない．ただ，それが容易に理解できるコードであり，かなり短い時間で実行できる（私の極めて普通の，もっとも安価なコンピュータでも，一千万回繰り返すのに23秒もかからなかった）ということだけである．コードを示したあとで，各行が何をするのかの簡単な説明をする（一番左にある行番号はコードの一部ではなく，単に説明のための参照用の目印としてのものである）．

twins.m

```
01  together=0;
02  for loop1=1:10000000
03      lab=ones(1,20);
04      twin1=floor(20*rand)+1;
05      twin2=twin1;
06      while twin1==twin2
07          twin2=floor(20*rand)+1;
08      end
09      lab(twin1)=2;
10      lab(twin2)=2;
11      groupsum=zeros(1,5);
12      for loop2=1:5
13          x=4*(loop2-1);
14          for loop3=1:4
15              groupsum(loop2)=groupsum(loop2)+lab(x+loop3);
16          end
17      end
18      for loop4=1:5
```

```
19          if groupsum(loop4)==6
20              together=together+1;
21          end
22      end
23  end
24  together/10000000
```

第01行では変数 *together* を0に初期化している．一千万回のシミュレーションのあとでは *together* は双子が同じ実習班に割り当てられたシミュレーションの数になる．第02行と第23行は，一千万回のシミュレーションでコードを繰り返す外側の *for/end* ループを定めている．第03行は，20個の要素を持つ行ベクトル *lab* を定め，1になるように初期化している．値 $lab(k)$ は k 番目に並んだ学生が持っている紙に書かれた数である．だから，最初はすべての学生がそれぞれ持っている紙には1と書かれている．第04行では *twin1* に1から20までの無作為に選ばれた整数値を割り当て，第05行では *twin2* に同じ数を割り当てている．もちろん，2人の双子が *lab* で同じ位置にいるわけにはいかないから，第06行から第08行までで，*twin1* と *twin2* が異なる整数値を持つようになるまで，*twin2* に新しい無作為の整数値を割り当て続けている．第09行と第10行では，双子それぞれが持つ紙に2と書き，ほかの18人の学生が持つ紙は1のままにしておく．第11行では行ベクトル *groupsum* の5つの要素すべてを0に初期化している．第12行から第17行で定義された2つの入れ子のループでは，*lab* の20個の要素を，1回に4つずつ，左から右へ走らせて，*groupsum* の5つの要素の値を作り出している．最後に，第18行から第20行で定義されたループでは，*groupsum* の各要素を照合し，6という値が見つかったら（双子が2人とも同じ班にいることを示している），*together* の値を1だけ増やしている．一千万回のシミュレーションが終わったら，第24行では双子が同じ班にいる確率のコードによる評価 (0.1579092) を打ち出している．この評価は理論値に非常に近いものである．

第3章 スティーブのエレベーター問題

3.1 問題

私は著書『デジタルなサイコロ』(プリンストン大学出版会, 2008) の中で,「スティーブのエレベーター問題」と呼んだパズル問題を書いている. それは, 私の著書『ちょっと手ごわい確率パズル』を読んだあとで私に手紙を書いてきたカリフォルニアの読者スティーブ・サイズにちなんで名付けられたものである.『デジタルなサイコロ』で書いたように, 2004 年 3 月の e メールでスティーブが私に説明したのは次の通りである.

> 私は毎日エレベーターで 15 階まで昇ります. このエレベーターは G, 2, 8, 9, 10, 11, 12, 13, 14, 15, 16, 17 階にしか停まりません [1]. 平均して, 地階 G から 15 階まで行くのに普通 2 回か 3 回停まることに気がつきましたが, それは実際エレベーターに乗る人数によっています. 乗る人の数がわかったら, 15 階まで私が乗っている間にエレベーターが停まる回数の期待値を求めることができるでしょうか?

組合せの議論を使って, 最初 G 階でスティーブ以外に k 人が乗っているとして, $k=1$ と $k=2$ の場合に, (G 階の上に n 階ある建物での) 停まる回数の期待値に対する表示を導くことができた. 特に, $k=1$ であれば停まる回数の平均値は $2-3/n$ で, $k=2$ であれば停まる回数の平均値は $3-7/n+3/n^2$

[1] [訳註] G 階とは ground flooor (地階) の略で, 日本で言う 1 階のこと. 他の数値も日本では 1 ずつ足して考える必要がある.

である.『デジタルなサイコロ』の 49–50 ページと 124–125 ページにこの 2 つのことが導いてある [2]. さらに，オランダのライデン大学のミシェル・デュリンクスによる組合せ論的議論により，別の特殊な場合（$n = 11$ を仮定して任意の k に対して）を解くことができ，$9 - 8(10/11)^k$ という解を得た.（ミシェルがこの議論を始めた経緯についての面白い話が『デジタルなサイコロ』の 127–128 ページに述べてある.）

それ以降この問題の状態は，2008 年 10 月にコーネル大学のオペレーションズ・リサーチと情報工学部教授のシェイン・G・ヘンダーソンからの e メールを受け取るまでは変わらないままだった. シェインは私に，スティーブのエレベーター問題の**完全で一般的な，組合せ論的**でない解析的な解を発見したと，書いてきたのである.

3.2　理論的解析

シェインの解析は驚く程に単純で美しい. スティーブがエレベーターが（他に k 人乗って）G 階から $1, 2, \ldots, n-2$ 階まで昇る際に停まる回数を値に持つ確率変数を，X と定義する. さらに，$n-3$ 個の確率変数 I_i $(1 \leq i \leq n-3)$ を

$$I_i = \begin{cases} 1 & \text{（第 } i \text{ 階にエレベーターが止まるとき）} \\ 0 & \text{（第 } i \text{ 階にエレベーターが止まらないとき）} \end{cases}$$

と定義する（数学では，確率変数をこのような指示関数 (indicator function) にとるので I という文字を使う）. そのとき，

$$X = 1 + \sum_{i=1}^{n-3} I_i$$

となる. ここで，1 は $n-2$ 階（スティーブの降りる階）では確実に停まることを表し，和を 1 から $n-3$ までしかとらないのは，$n-2$ より上の階で何が起きてもスティーブには関係がないからである（そして，1 は既に $n-2$ 階で停まるのに対して数えられている）. 期待値をとると，

$$E(X) = E\left[1 + \sum_{i=1}^{n-3} I_i\right] = 1 + \sum_{i=1}^{n-3} E[I_i]$$

[2]［訳註］もちろん，英語の彼の本のそのページということ.

となる．$E(I_i)$ は

$$E(I_i) = 0 \times \mathrm{Prob}(I_i = 0) + 1 \times \mathrm{Prob}(I_i = 1) = \mathrm{Prob}(I_i = 1)$$

と計算できるので，

$$E(I_i) = 1 + \sum_{i=1}^{n-3} \mathrm{Prob}(I_i = 1) = 1 + \sum_{i=1}^{n-3} \mathrm{Prob}(\text{エレベーターが } i \text{ 階で停まる})$$

となる．

ここまでのところはかなり直線的であり，ここがシェインの洞察の本質である．どの特定の階に停まる確率もほかのどの階に停まる確率と**同じである**．もしこれが成り立たないなら，なぜそうならないか，つまり，(エレベーター・シャフトをエレベーターが昇りはじめる瞬間に）ある階がなぜどこかほかの階よりも停まりやすいかまたは停まりにくいか，を説明をするという問題に直面するだろう．実際，こういうことが起こるというアプリオリな理由はない．

エレベーターが第 i 階（$1 \le i \le n-3$）に近づくとき，その階で降りるかもしれない機内の乗客（スティーブは $n-2$ 階で**降りることが決まっている**ので彼ではない）の数は 0（スティーブの同乗者が下の階で既にすべて降りた場合）から k（誰も降りていなかった場合）まで変わり得る．だから，第 i 階にエレベーターが停まる確率の計算には条件付き確率の考え方が関係してくる．$1 \le i \le n-3$ に対して

$$\begin{aligned}&\mathrm{Prob}(\text{エレベーターが } i \text{ 階で停まる})\\ &\quad= \sum_{l=0}^{k} \mathrm{Prob}(\text{エレベーターが } i \text{ 階で停まる} \mid \text{降りる可能性があるのが } l \text{ 人})\\ &\qquad\quad \times \mathrm{Prob}(\text{降りる可能性があるのが } l \text{ 人})\end{aligned}$$

となる．

この計算は大変なわけではないが，$i = 1$ という特定の場合には，誰も降りる機会がなかったので，元々の $k+1$ 人の乗客（スティーブと最初の k 人の同乗者）はすべてまだエレベーターの中にいる（k 人まで降りる可能性がある）ことが保証されていることに注意しさえすれば，完全に避けることがで

きる．この特殊な場合の計算は簡単にできて，

$$
\begin{aligned}
&\text{Prob(エレベーターが 1 階で停まる)} \\
&\quad = 1 - \text{Prob(エレベーターが 1 階で停まらない)} \\
&\quad = 1 - \text{Prob(1 階では誰も降りない)}
\end{aligned}
$$

となる．

もちろん，スティーブが1階で降りないことはわかっている．だから，Prob(1階では誰も降りない) = Prob(k 人の同乗者のうち誰も1階では降りない) であることも確かで，この確率は，この k 人の乗客のどの人にとっても1階で降りるのは確率 $1/n$ なので，1階で降りない確率が $1-1/n$ であることを単に注意するだけのことで，書き下すことができる．こうして，

$$\text{Prob(1 階では誰も降りない)} = (1-1/n)^k$$

となり，したがって

$$\text{Prob(1 階にエレベーターが停まる)} = 1 - (1-1/n)^k$$

となる．これから直ちに

$$E(X) = 1 + \sum_{i=1}^{n-3} \left\{1 - \left(1 - \frac{1}{n}\right)^k\right\}$$

がわかり，だから最後にはシェインのエレガントな結果

$$E(X) = 1 + (n-3)\left\{1 - \left(1 - \frac{1}{n}\right)^k\right\}$$

が得られる．

この一般な公式を，前に述べた3つの特別な場合に，部分的に確かめることができる．

場合 1. $n = 11$ と，すべての可能な k に対しては（これがもとの「スティーブのエレベーター問題」）

$$
\begin{aligned}
E(X) &= 1 + 8\left\{1 - \left(1 - \frac{1}{11}\right)^k\right\} = 1 + 8 - 8\left(\frac{10}{11}\right)^k \\
&= 9 - 8\left(\frac{10}{11}\right)^k
\end{aligned}
$$

となる．この結果は，かなり複雑な組合せ論的議論を使って，ミシェル・デュリンクスによって発見されたものである（『デジタルなサイコロ』の 127 ページ参照）．

場合 2. $k=1$ とすべての可能な n に対して

$$
\begin{aligned}
E(X) &= 1+(n-3)\left[1-\left(1-\frac{1}{n}\right)\right] = 1+\frac{n-3}{n} \\
&= 2-\frac{3}{n}
\end{aligned}
$$

となる．この結果は，かなり単純な組合せ論的議論を使って，私が発見したものである（『デジタルなサイコロ』の 49–50 ページ参照）．

場合 3. $k=2$ とすべての可能な n に対して

$$
\begin{aligned}
E(X) &= 1+(n-3)\left[1-\left(1-\frac{1}{n}\right)^2\right] \\
&= 1+(n-3)\left[1-1+\frac{2}{n}-\frac{1}{n^2}\right] \\
&= 1+(n-3)\left[\frac{2}{n}-\frac{1}{n^2}\right] \\
&= 1+\frac{2(n-3)}{n}-\frac{n-3}{n^2} = 1+2-\frac{6}{n}-\frac{1}{n}+\frac{3}{n^2} \\
&= 3-\frac{7}{n}+\frac{3}{n^2}
\end{aligned}
$$

となる．

この結果は，少し複雑な組合せ論的議論を使って，私が発見したものである（『デジタルなサイコロ』の 124–125 ページ参照）．

シェインの解析は，スティーブの事務所がどこかほかの階に移るという可能性を扱うように容易に修正される．一方，力任せの組合せ論的アプローチであれば，そのような変更ではずっとひどく混乱してしまうだろう．

3.3 コンピュータ・シミュレーション

『デジタルなサイコロ』の 126 ページに **steve.m** と呼ぶシミュレーションのコードをあげておいたので，ここには繰り返さない．（その書のプリンストン大学出版会のウェブサイトのページにこのコードは見つかる．）そのコード

は $n=11$ の特別な場合（n の値は容易に変えられる）と，k の任意の値に対して書かれている．

［訳註］ウェブサイトにアクセスできない人のためにここに採録しておこう．

steve.m

```
01  S=0;
02  k=input('スティーブ以外に何人の乗客がいるか？')
03  for loop=1:10000000
04      x=zeros(1,1);
05      x(9)=1;
06      for j=1:k
07          rider=floor(11*rand)+1;
08          x(rider)=1;
09      end
10      stops=1;
11      for j=1:8
12          stops=stops+x(j);
13      end
14      S=S+stops;
15  end
16  S/10000000
```

第4章 ニュートンが「おそらく」好んだ3つのギャンブル問題

4.1 問題

最初の問題に基礎を置くために，大人数の人のそれぞれに公平なサイコロを1つ与えたとする．それぞれの人は繰り返し，6が出るまで自分のサイコロを投げる．どの人もこれが起こったら，何回投げたかを報告する．最初の6が出るまでに公平なサイコロを投げる回数の平均はいくつになるだろうか？公平なサイコロの6の確率は1/6だから，ほとんどの人は直ちに「6回」と答えるけれど，その理由を理解しているのだろうか？　実際，答は簡単に計算することができ，6回というのは実際に正しい．それをやってみよう．（しかし，これはこのパズルの中で解こうとしている3つの「ニュートン」問題の1つというわけではなく，本当に興味を持っているものに対する，ちょっとした時間でできる単なるウォーミング・アップである．）

サイコロを投げて6が出たとき，**成功** (success) と呼んで，Sと書く．ほかのものが出たとき**失敗** (failure) と呼んで，Fと書く．反復試行で，各試行では2つの可能な結果，今の場合はSとFしかないようなものを表す列のことを，数学者は序章の註11で述べたスイスの数学者ヤーコプ・ベルヌーイにちなんで，**ベルヌーイ試行**と呼んでいる．さて，$\text{Prob}(S) = p, \text{Prob}(F) = 1 - p$ と書こう．S, FS, FFS, FFFS などと，SとFの可能なすべての列で，初めてSが現れるものを書き下すことができる．つまり，n が最初に6が出る（最初のS）までの投げる回数であれば，$\text{Prob}(n = 1) = p, \text{Prob}(n = 2) = (1 - p)p, \text{Prob}(n = 3) = (1 - p)^2p, \text{Prob}(n = 4) = (1 - p)^3p$ となり，一般には

$\text{Prob}(n=k)=(1-p)^{k-1}p$ となる．

さて，計算したかったのは n の平均値で，それは形式的に

$$\mu=\sum_{n=1}^{\infty}nP(n)$$

と書かれる．この和を直接計算することも可能だが，私の使ったアプローチはそれとは違う．その代わりに，最初はトリックのように見えるかもしれないものを示そうと思う．しかし，最初の「ニュートン」問題にとりかかるときにわかるように，そこでも同じトリックが機能するし，数学ではよく知られていることだが，どんなトリックも2回以上使うことができれば，それはもう方法なのである！

まず明らかなことを見てみることから始めよう．つまり，SとFの作るどんな列でもSから始まるかFから始まるかのどちらかであるということである．もしSから始まっていれば（確率 p で），最初のSまでに投げる平均回数は1である．もしFから始まっていれば（確率 $1-p$ で），最初のSまでに投げる平均回数は $1+\mu$ である．だから，最初のSまでに投げる平均回数に対する2つの特定の結果に確率の重みをつければ，

$$\mu=1(p)+(1+\mu)(1-p)=p+1+\mu-p-\mu p=1+\mu-\mu p,$$

つまり

$$0=1-\mu p$$

となり，それゆえ，結局（驚くほど突然に！）

$$\mu=\frac{1}{p}$$

となることがわかり，公平なサイコロに対しては6となる．まさに，ほとんどの人が直感的に推測したとおりなのである．

ここでこの問題における最初のニュートンのパズルに対する準備が整った．初めて2つの6が続けて現れるまでに公平なサイコロを投げる回数の平均はいくつだろうか？　これがウォーミングアップ問題よりも難しいのは，今度はSとFの列で初めてSSで終わるようなものに明らかなパターンが見つからないからである．（やってみるとよい！）もしここでも直感が働いて，例え

ば 12 回だとか（多分 $6+6=12$ だから），36 回だとか（多分 $6^2=36$ だから）思うのだとしたら，そう，どちらの推測も間違っている．正しい答は 36 さえも越えている．必要なことは単なる推測ではなくて，もう少し解析をすることである．

本章のタイトルは，おそらくニュートンが好んだだろうギャンブル問題が 3 つあることを言っている．ほかの 2 つは何なのだろうか？　2 つ目の問題を述べるのは易しいのだが，多分あなたの頭脳を納得させることは難しいだろう．それは偉大なニュートンさえも少し考え込ませるのではないかと思う．投げると表が出る確率が p で，裏が出る確率が $1-p$ のコインが与えられたとき，コインを何回も投げるときに，7 回裏が出る前に 4 回表が出る確率はいくつか？　公平なコイン ($p=1/2$) であればこの確率の数値はいくつか？「ほとんど」公平なコイン ($p=0.45$) であればこの確率はいくつか？

最後に，3 つ目のニュートンのギャンブル問題は，述べるのは同じように簡単なのだが，理解するのは少なくとも同じようにトリッキーである．3 人の人を A, B, C と呼んで，順に 1 つの公平なサイコロを投げる．初めが A で，次が B，その次が C で，A に戻り，同じように続ける．これを誰かが 6 を出すまで続ける．それを出した人がゲームから抜けて，残りの 2 人がゲームを続ける．いつかはどちらかが 6 を出して，ゲームは終わる．6 を出すのが最初が A で次が B である確率はいくつか？　6 を出すのが最初が B で次が A である確率はいくつか？

4.2　理論的解析 1

1 つ目のニュートン問題に対しては，サイコロを n 回投げ終わったところで，最初に 2 つの 6 が続けて出る確率を $P(n)$ と書く．明らかに $P(1)=0$ であり $P(2)=p^2$ である．もう 2 つ長い場合にも，長さ n の S と F のすべての可能な列を単に手で書き下して，SS で終わり，それ以前に S が続くことがないのがどれかを観察することができる．たとえば，FSS となる場合の $P(3)=(1-p)p^2$ と，FFSS と SFSS となる場合の $P(4)=(1-p)^2p^2+(1-p)p^3$ が得られる．しかし，列がもっと長くなれば，この数え上げのアプローチの難しさが増大していく．別のアプローチが必要になる．ではもう一度トリックをしかけよう！

ここで，S と F のどんな列でも，SS, FF, SF, FS の 4 つの可能性のうちのどれかから始まることに注意することから始めるとしよう．もし SS から始まれば（確率は p^2），最初の 2 重の S までの投げる回数の平均値は 2 である．もし，FF か SF から始まれば（確率は $(1-p)^2+p(1-p)$），最初の 2 重の S までの投げる回数の平均値は $2+\mu$ である．そして最後に FS から始まれば（確率は $(1-p)p$），次に S が出れば最初の 2 重の S までの投げる回数の平均値は 3 であり（確率は $(1-p)p^2$），次に F が出れば最初の 2 重の S までの投げる回数の平均値は $3+\mu$ である（この確率は $(1-p)^2p$）となる．だから，個々の平均に確率の重みをつければ，

$$\begin{aligned}\mu &= (2)p^2+(2+\mu)[(1-p)^2+p(1-p)]\\ &\quad +(3)(1-p)p^2+(3+\mu)[(1-p)^2p]\end{aligned}$$

となる．

これを μ に関して解けば，

$$\mu = \frac{2+p-p^2}{p^2(2-p)} = \frac{2-p+2p-p^2}{p^2(2-p)}$$

となり，最後には

$$\mu = \frac{1}{p^2}+\frac{1}{p}$$

が得られる．つまり，公平なサイコロに対しては $\mu = 42$ 回となる．こんな数になるとは誰も推測しなかった（少なくとも誰にも推測は難しかった）だろう．

4.3　コンピュータ・シミュレーション 1

（2 重の S に対する）コード **ds.m** は最初の 2 重の 6 が出るまで公平なサイコロをくり返し投げることのシミュレーションである．実際，そのようにサイコロを投げることをゲームと呼ぶことにすると，**ds.m** はゲームのシミュレーションを 10 万回して，最初に 2 重の 6 が出るまで各ゲームで何回投げたかの記録をとっている．最後に，質問に答えるために，この 10 万個の数を平均する．**ds.m** はを走らせたとき，41.8865 回という評価を得たが，これは理論的な結果にかなり近いものである．コードがどのように働くかを述べよう．

最初のコマンドは，公平なサイコロを投げて成功する（6 が出る）確率を計算して，それを *check* とする．それからゲーム（そのときのゲームの数は，1 から 10 万まで走る主要なループ変数 *loop* の値）をシミュレーションするために，変数 *toss* と *flip2* を初期化する．変数 *toss* は，これから投げるのがそのときのゲームでの，投げた回数なので，*toss* の初期は 1 である．*result* を 0 と 1 の間の無作為な値と置くことで投げが行われ，もし *result* が *check* より小さければ S が得られ（*flip1* を 1 とおく），そうでなければ F が得られ，*flip1* を 0 とおく．コードは直近の 2 つの投げの結果を残すだけなので，直前の投げの結果を表す *flip2* の初期値も 0 とおく．

ゲームをシミュレーションするために，*keeptossing* が 1 である限り（だから，*keeptossing* の初期値を 1 とする），*while* ループを働かせる．新しく投げるたびに，*flip1* の古い値を *flip2* に渡し，*flip1* には新しい結果を入れる．投げて 2 つ目の S が並ぶかどうかを見るために，コードは $flip1 + flip2 = 2$ かどうかを訊いている．もしそうなっていれば *keeptossing* を 0 とおいて，*while* ループを止める．ベクトル変数 *person* には *toss* の値を貯える．つまり，$person(j)$ は j 番目のゲームで最初の 2 重の S が出るまでに投げた回数である．もし $flip1 + flip2 \neq 2$ であれば，コードは投げを続ける．*toss* を 1 だけ増やして，*flip2* に *flip1* の値を「覚えておく」．それから，*while* ループを働かせなおす．10 万回のゲームがすべて終わったときに，**ds.m** のコマンドはベクトル変数 *person* のすべての値を足して，平均値を打ち出す．

---

ds.m

```
check=1/6;
for loop=1:100000
    toss=1;flip2=0;
    keeptossing=1;
    while keeptossing==1
        result=rand;
        if result<check
            flip1=1;
        else
            flip1=0;
```

```
        end
        if flip2+flip1==2
            keeptossing=0;
            person(loop)=toss;
        else
            toss=toss+1;
            flip2=flip1;
        end
    end
end
sum(person)/100000
```

4.4 理論的解析2

2つ目の問題を難しくしているのは，どこから始めたらいいかが全然（ともかく最初は）わからないことである．しかし，簡単な考察を2つ行って，それを合わせれば，驚くほど簡単に解決できる．まず，問題の事象は，10回投げるまでに起こっているということに注意すること．確かに10回投げることが起こるのは，先に6回裏が出たあとに4回目の表が出るときであって，そうでなければ7回裏が出ることになる．もちろん，より少ない回数で事象が起こり得るだろうし，（続けて4回表という）4回投げたときにすぐにということもあるだろう．これがどこから解析を始めるかについての鍵になる．

するべきことは，10回目に4回目の表が出る確率，9回目に4回目の表が出る確率，8回目に4回目の表が出る確率，というようにして，4回目に4回目の表が出る確率までを計算することである．最終的な答は，この確率をすべて足したものになる．これをするために，このそれぞれの確率を書き下す系統的な方法があれば大変便利である．次のようにすればよいのである．ちょうどn回投げたときにちょうど4回の表が出る確率というのは，n回目に投げたときに4回目の表が出るということであり，**それまでの$n-1$回投げた中で3回表が出ていた**ことになる．それは$\binom{n-1}{3}$通り起こり得て，それぞれの起こる確率は$p^3(1-p)^{(n-1)-3}=p^3(1-p)^{n-4}$である．なぜなら，$n-1$回投げた中で 3 回表が出たなら，同じ $n-1$ 回投げた中で $(n-1)-3=n-4$ 回裏が出ないといけないからである．最後の n 回目には 4 回目の表が（確率 p で）出るのだから，ちょうど n 回投げたときにちょうど 4 回の表が出る確率は $\binom{n-1}{3}p^4(1-p)^{n-4}$ となる．それで，問題の答は

$$\sum_{n=4}^{10}\binom{n-1}{3}p^4(1-p)^{n-4}=p^4\sum_{n=4}^{10}\binom{n-1}{3}(1-p)^{n-4}$$

$$=p^4\left[\begin{array}{l}1+\binom{4}{3}(1-p)+\binom{5}{3}(1-p)^2+\binom{6}{3}(1-p)^3\\ \quad+\binom{7}{3}(1-p)^4+\binom{8}{3}(1-p)^5+\binom{9}{3}(1-p)^6\end{array}\right]$$

$$=p^4\left[\begin{array}{l}1+4(1-p)+10(1-p)^2+20(1-p)^3\\ \quad+35(1-p)^4+56(1-p)^5+84(1-p)^6\end{array}\right]$$

となる．$p=1/2$ であれば，これを計算すれば $848/1024=0.828125$ になる．$p=0.45$ であれば，7 回裏が出る前に 4 回表が出る確率は 0.733962 となる．

4.5 コンピュータ・シミュレーション 2

コード **before.m** はこのコイン投げの問題を一千万回シミュレーションするものである．それはこのように働く．p の値を指定したあと，変数 *total* を 0 に初期化する．この確率過程を一千万回シミュレーションしたあとで，*total* は 7 回裏が出る前に 4 回表が出たシミュレーションの数になる．それぞれのシミュレーションは H（表の数）と T（裏の数）を 0 に初期化することから始まる．それから *while* ループは H が 4 になるか T が 7 になるかまで働いて，どちらかの条件でループを止める．もしそれが H = 4 という条件なら *total* を 1 だけ増やす．シミュレーションがすべて終わったら，コードの最終行で確率の評価をする．

---

before.m

```
p=0.45;total=0;
for loop=1:10000000
```

```
        H=0;T=0;
        while H<4&&T<7
            if rand<p
                H=H+1;
            else
                T=T+1;
            end
        end
        if H==4
            total=total+1;
        end
    end
    total/10000000
```

これを走らせたら，**before.m** は $p = 1/2$ に対しては 0.827948 を，$p = 0.45$ に対しては 0.734308 となった．両方の評価とも，前に計算した理論値に近い値である．

4.6　理論的解析3

P_A を，A, B, C が順に公平なサイコロを投げて A が最初に 6 を出す確率とする．すると，A が最初に投げたときに 6 を出すか（確率は 1/6），彼とほかの 2 人が 6 を出さずに（確率は $(5/6)^3$）最初の状況に戻るかである．だから，

$$P_A = \frac{1}{6} + \left(\frac{5}{6}\right)^3 P_A$$

となり，これは簡単に解けて，

$$P_A = \frac{36}{91}$$

となる．この確率で A がゲームから去り，B と C が続けることになる．まったく同じ種類の議論で，P_B が，B と C で B が先に 6 を出す確率であれば，

$$P_B = \frac{1}{6} + \left(\frac{5}{6}\right)^2 P_B$$

となり，これは容易に解けて

$$P_B = \frac{6}{11}$$

となる．こうして，先に 6 を出すのが A で，そのあと B である確率は

$$\left(\frac{36}{91}\right)\left(\frac{6}{11}\right) = \frac{216}{1001} = 0.21578\ldots$$

となる．

上と反対の場合，つまり，先に 6 を出すのが B で，そのあと A である場合に対しては別のアプローチを取ることになる．プレイの列は

$$\text{ABCABCABCABCA}\ldots$$

と表されるので，

$$\begin{aligned} P_B &= \left(\frac{5}{6}\right)\left(\frac{1}{6}\right) + \left(\frac{5}{6}\right)^4\left(\frac{1}{6}\right) + \left(\frac{5}{6}\right)^7\left(\frac{1}{6}\right) + \cdots \\ &= \left(\frac{5}{6}\right)\left(\frac{1}{6}\right)\left[1 + \left(\frac{5}{6}\right)^3 + \left(\frac{5}{6}\right)^6 + \cdots\right] \end{aligned}$$

となるのがわかる．右辺のカッコの中の等比級数の和は

$$\frac{1}{1-\left(\frac{5}{6}\right)^3}$$

なので，

$$P_B = \frac{\left(\frac{5}{6}\right)\left(\frac{1}{6}\right)}{1-\left(\frac{5}{6}\right)^3} = \frac{(5)(6)}{6^3-5^3} = \frac{30}{91}$$

となる．この確率で B がゲームを去り，C と A がゲームを続けるのだが，次に投げるのは C である．交代しながらプレイをする列は今度は

$$\text{CACACAC}\ldots$$

であるので，

$$P_A = \frac{\left(\frac{5}{6}\right)\left(\frac{1}{6}\right)}{1-\left(\frac{5}{6}\right)^2} = \frac{5}{6^2-5^2} = \frac{5}{11}$$

となる．こうして，最初に 6 を投げるのが B で，その後 A である確率は

$$\left(\frac{30}{91}\right)\left(\frac{5}{11}\right) = \frac{150}{1001} = 0.14985\ldots$$

となる．

第5章 大きな商 第1

5.1 問題

これは 2 つからなる問題の最初の部分だから，もちろん，本章の問題は易しい方である．しかし，跳ばしてはいけない！ ここでしていることを理解することが，第 2 の部分の理解への大きな助けになる．問題はこうである．0 から 1 までの数を（一様に）無作為にとる．また，0 から 1 までの数を（一様に）無作為にもう 1 つとる．大きな方の数を小さい方の数で割ったときの答が 2 より大きい確率はいくつか？ 3 より大きい確率は？ さらに一般に，$k \geq 1$ として，k より大きい確率は？

これら初期的な問題にどう答えるかを示す前に，それらの一般化である，後の第 16 章の「大きな商 第 2」で取り組むことになる問題であなたを焦(じ)らすことにしよう．N 個の数，それぞれが 0 から 1 までの数で，独立かつ（一様に）無作為にとられるとする．この N 個の数の中で最大の数を最小の数で割るとき，$k \geq 1$ として，k より大きい確率はいくつか？ 元の問題は明らかに，この一般化された問題の $N = 2$ の特殊な場合である．もし最初の問題の解答が得られるなら，一般化された問題の答のチェックに使うことができる．

5.2 理論的解析

0 から 1 までの数をそれぞれ無作為に 2 つとって，X_1, X_2 とする．どちらが大きいかわからないので，常に X_2/X_1 を計算することにすれば，$X_2/X_1 > k$

である確率（$X_2 > X_1$ である場合を数えるもの）と $X_2/X_1 < 1/k$ である確率（$X_2 < X_1$ である場合を数えるもの）を考えることになる．これをもう少しエレガントに表したければ，2重不等式を使って $1-\mathrm{Prob}(1/k \le X_2/X_1 \le k)$ とすればよい．ただし，$k \ge 1$ である．

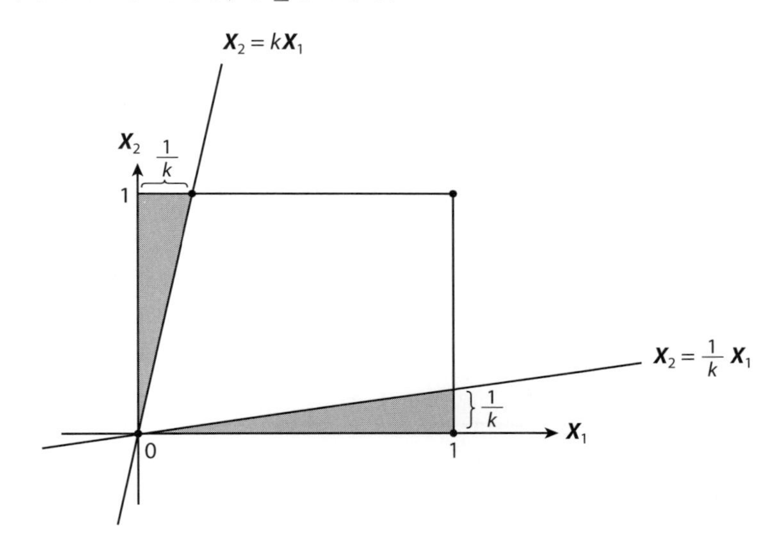

図 5.2.1 影のない場所が $1/k \le X_2/X_1 \le k$ であるところである．

図 5.2.1 は，縦軸を X_2，横軸を X_1 にとった 2 つの軸の座標系で描いてある．第 1 象限の単位正方形の各点は，X_1 と X_2 の値をとるように表してあり，この正方形の内側の単位の面積が X_1 と X_2 の**標本空間**である．したがって，単位の面積の全体が確率 1 を持つ（その領域の座標 X_1, X_2 を持つ点が起こり得る点である）．正方形の中央の影のついてない領域が 2 重不等式 $1/k \le X_2/X_1 \le k$ に対応する領域である．なぜなら，それが $X_2 \le kX_1$ **かつ** $X_2 \ge (1/k)X_1$ であるような点をすべて含む領域だから（つまり，直線 $X_2 = kX_1$ の下で直線 $X_2 = (1/k)X_1$ の上にあるすべての点が影のない領域にあるから）である．

影のない領域に付随する確率がその面積そのものであるのは，X_1 と X_2 が**一様に分布**している（これが**幾何的確率論**と呼んでいるものの背後にある基本的な仮定である）からである．われわれが求めている確率は，影のない領域にあるのではなく影のある領域にある確率であり，その確率は影のある領域の全面積である．初等幾何によって，その面積は $2(1/2)(1)(1/k) = 1/k$ である．オーケー，これこれ，できたぞ！　答は

$$\text{Prob}(\text{「大きい数を小さい数で割ったものが} > k \text{ である」}) = \frac{1}{k}$$

である．

5.3　コンピュータ・シミュレーション

コード **ratio1.m** は X_1 と X_2 を一千万回シミュレーションして，大きい方を小さい方で割った結果（比 (ratio) なので r）が2より大きい回数を（*total* に）記録するものである．もし単に異なる k の値に関して r を試すように変えれば，表5.3.1に示すように，理論的な結果とかなり良い一致が見られることを容易に確かめることができる．

ratio1.m

```
total=0;
for loop=1:10000000
    x1=rand;x2=rand;
    k=2;
    r=x2/x1;
    if r>k|r<1/k
        total=total+1;
    end
end
total/10000000
```

ratio1.m を簡単に修正して第2の問題のシミュレーションもできるので，最終的に第16章で理論的な解析をする前に，それをしておこう．新しいコード **ratio2.m** は，$N = 3$ 個の数を独立に，0から1までの数を（一様に）無作為にとって，最大のものを最小のもので割るという，複雑な状況への次の段階のためのものである．

表 5.3.1 理論対実験 ($N = 2$)

k	理　論	シミュレーション
2	0.5000000	0.4997159
3	0.3333300	0.3333913
4	0.2500000	0.2500693
5.5	0.1818181	0.1817171

ratio2.m

```
total=0;
for loop=1:10000000
    for j=1:3
        x(j)=rand;
    end
    k=2;
    r=max(x)/min(x);
    if r>k|r<1/k
        total=total+1;
    end
end
total/10000000
```

表 5.3.1 で使った k と同じ値に対する，この状況での結果を表 5.3.2 に示した．$N = 2$ の場合に比べて，$N = 3$ の場合には際立った違いがある．これらの結果が理論と合っているかを見るには，もう少し理論を行うことが必要である！　それは第 16 章で考えることにしよう．

表 5.3.2 本書のこの時点での実験 ($N = 3$) だけ

k	理　論	シミュレーション
2	?	0.7498262
3	?	0.5553961
4	?	0.4372493
5.5	?	0.3306806

校正の2つの方法

6.1　問題

本を書いたことがある人なら誰もが言うように，もっとも重要な仕事は，そしてうんざりするような仕事は，初めて活字に組まれてきたページ（初校）の校正である．そこには**必ず**ミスプリントがある！　それを見つけて直す唯一の方法は本のすべてを注意深く読み通すことだけである．それをしている間ずっと頭を縦に振るだけのまったく易しい仕事である．それをする方法が少なくとも2つあるが，次の2つの仮定をしておこう．(1) 本にあるミスプリントの総数 m はわかっていない．(2) 校正者がミスプリントを見たときにミスプリントを見つける確率は一定である（理想的には1であってほしいのだが，それはあまり現実的とは言えないだろう）．

方法1：2人の校正者が独立に校正を行う．校正者1が a 個の付箋をつけ，校正者2が b 個の付箋をつける．共通についた付箋の数を c とする．校正者1は確率 p で，校正者2は確率 q でミスプリントを見つけ，過去の実績から p と q がわかっているとする．

方法2：一人の校正者が，2回異なるときに校正を読む，それも十分に離れた時間で，2回読むことが独立であると仮定できるほどであるとする．1回目に読んだとき a 個のミスプリントを見つけてそれを赤丸で囲み，2回目に読んだときに既に見つけたものであることがわかるようにする．2回目に読んだときに b 個のミスプリントを追加して見つけたとする．

それぞれの方法で，見つけられないまま残ったミスプリントの数 U に対する表示を求めよ．以下の値に対して 2 つの表示の値を求めよ．方法 1 に対しては $a=30, b=25, c=5$ で，方法 2 に対しては $a=30, b=20$ とする．

6.2 理論的解析

方法 1 に対しては

$$mp=a,\ mq=b,\ mpq=c$$

と書くことができる [1]．第 3 の等式は，mp が校正者 1 が見つけたミスプリントの数で，そのミスプリントの部分集合から両方の校正者が共通に見つけるミスプリントを校正者 2 が見つけなければならないという推論から導かれる．だから，

$$p=\frac{a}{m}, \quad q=\frac{b}{m}$$

である．こうして，

$$m\left(\frac{a}{m}\right)\left(\frac{b}{m}\right)=c=\frac{ab}{m}$$

であり，したがって

$$m=\frac{ab}{c}$$

となる．見つかった異なるミスプリントの総数は $a+b-c$ なので，見つからなかったミスプリントの総数は

$$U_1=m-(a+b-c)=\frac{ab}{c}-a-b+c=\frac{ab-ac-bc+c^2}{c}$$

であり，方法 1 に対しては

$$U_1=\frac{(a-c)(b-c)}{c}$$

となる．注意深くみれば，U_1 はあからさまには p にも q にもよっていないが，この 2 つの確率の影響は現れている a, b, c の個別の値に反映している．与えられた値に対して，

$$U_1=\frac{(30-5)(25-5)}{5}=100$$

となる．

---

[1] ［訳註］もちろん m はミスプリントの総数である．

方法2に対しては

$$mp = a, \quad (m-a)p = b$$

と書くことができる．だから，

$$p = \frac{a}{m} \quad \text{であり，} \quad (m-a)\frac{a}{m} = b$$

となって，つまり，

$$ma - a^2 = mb$$

となる．これからすぐに

$$ma - mb = a^2 = m(a-b)$$

が得られ，したがって

$$m = \frac{a^2}{a-b}$$

となる．見つかったミスプリントの総数は $a+b$ であるから，見つかっていないミスプリントの数は

$$U_2 = m - (a+b) = \frac{a^2}{a-b} - (a+b) = \frac{a^2 - (a+b)(a-b)}{a-b} = \frac{a^2 - (a^2 - b^2)}{a-b}$$

つまり，

$$U_2 = \frac{b^2}{a-b}$$

で与えられる．与えられた値に対しては，

$$U_2 = \frac{400}{30-20} = 40$$

となる．U_1 と U_2 に対する数値的な結果はかなりがっかりさせられるものである！　間違いが一つもない本を書くことは非常に難しい仕事のようである．実際，かなりな程度，現実的には不可能なのだろうと思う．

第7章 終わることのないチェーンレター

7.1 問題

コンピュータのシミュレーションが完全に理論の代わりになると私が主張しているなんて思われないだろうが，シミュレーションをするのが自明ではないような確率過程の例があって，これに理論的な解があるのは幸運なことなのである．ある人がチェーンレターを始めようと決め，そのコピーを C 人の人に送ることからことを始める．その C 人はそれぞれ，その C 通のコピーを送り出すように言われる．そのような手紙を受け取った人は誰でも確率 p で無視することに決める．このチェーンレターが最終的に消えてしまう確率はいくつか？　結局のところそうなるという保証はなく，潜在的にどんな終結点もないような過程のシミュレーションをすることは実際的には困難である！　幸いなことに，この問題を解析的に攻撃する非常に素敵な方法がある．

7.2 理論的解析

このチェーンレターはどのようにして消えることになるのだろうか？　それが起こるために，最初に受け取った C 人はそれぞれ，最終的に確率 E で（**消滅** (Extinction) から）終わりになるチェーンレターの部分列の最初と考えることができる．そのようなチェーンレターの部分列が終わりになり得るのは 2 つの仕方しかない．(1) 確率 p で，最初の受取人が彼の C 通のコピーを送らない．(2) 確率 $1-p$ で最初の受取人が C 通のコピーを送って，その後

の C 個のチェーンレターの部分部分列が最終的には終わりになる（これが起こる確率は E^C）．こうして，E に対する C 次の代数方程式

$$E = p + (1 - p)E^C$$

が得られる．C の値を選べば，部分チェーンの消滅確率 E に対するこの方程式を，p を 0 から 1 へ変えながら，何度も繰り返して解くことができる．p が変わっていくときの E^C の値は，追求していた確率，つまり，最初の受取人から始まる部分チェーンの**すべて**が終わりになる確率になっている．補確率 $1 - E^C$ はチェーンレターが永遠に続く確率である．

方程式はどんな値の C（とすべての p）に対しても明らかな解 $E = 1$ を持つが，興味深い C の値（たとえば 2 から 5）に対してはほかの解（それらの解には負のもの，1 より大きいもの，複素数のもので，確率としては意味のないものもある）も持ち，だからかなり大量の数値計算的作業に直面する．幸いにも，現代のコンピュータ・ソフトウェアにはその仕事をする能力がある（私は MATLAB® の強力なコマンドの *solve* を使った）．図 7.2.1 から 7.2.4 までには，それぞれ $C = 2, 3, 4, 5$ に対する確率 E^C 対 p が示されている．$p = 1/2$ の場合（すべての受取人が公平なコインを投げて，C 通のコピーを送るか忘れてしまうかを決める），たとえば $E^3 = 0.2361$ と $E^4 = 0.0874$ になる．($C = 3$ から $C = 4$ へというように）ほんの 1 通コピーを増やすだけで，チェーンレターが最終的に終わりになる確率は非常に（ほとんど 3 倍位に）小さくなる．

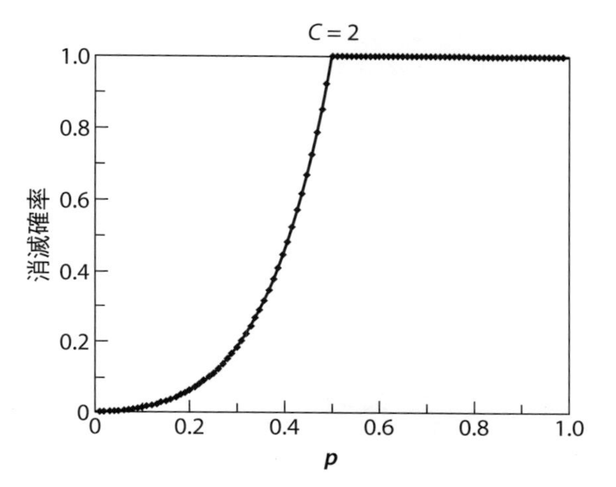

図 **7.2.1**　$C = 2$ に対する確率 E^C 対 p

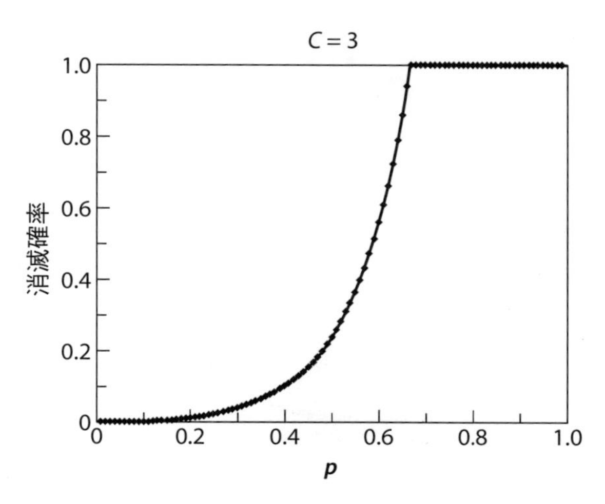

図 **7.2.2**　$C = 3$ に対する確率 E^C 対 p

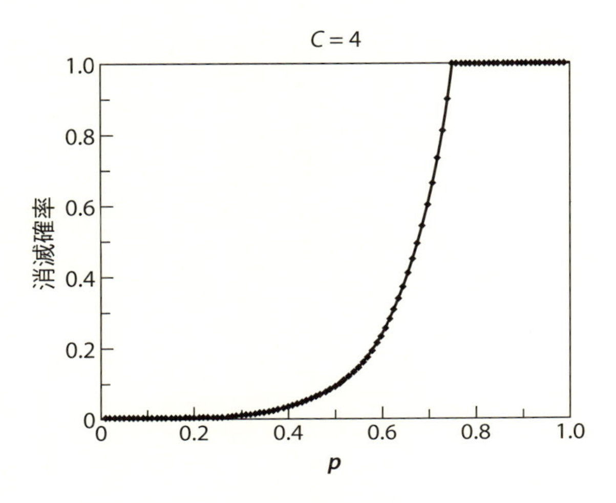

図 **7.2.3**　$C = 4$ に対する確率 E^C 対 p

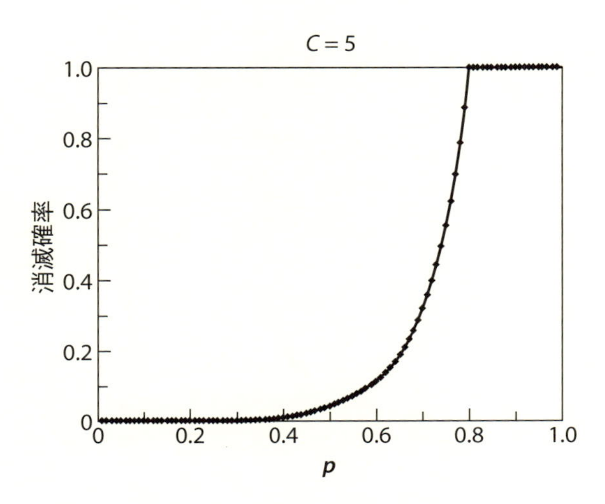

図 **7.2.4**　$C = 5$ に対する確率 E^C 対 p

第  章

ビンゴの惑い

8.1　問題

I.7 節で，推移的でないサイコロの話をした．推移的でないということは，サイコロから遠く離れた，ほかの多くの状況でも起こり得る．子供が好きな（大人でも好きな人がいるが）ゲームの，石と紙とハサミのジャンケン（グー・チョキ・パー）は推移的でない．石はハサミを壊し，ハサミは紙を切り，紙は石を包む．もう少し解析的な例としては，技術が増す順序に $1, 2, 3, 4, 5, 6, 7, 8, 9$ とランク付けされた 9 人のテニス・プレイヤーがいるとしよう（たとえば，8 の人は 1 から 7 までのプレイヤーに**常に**勝つが，9 の人には常に負ける）．さらに，この 9 人のプレイヤーが次のように 3 人ずつの 3 つのチームを作っているとする．

チーム A：	8	1	6
チーム B：	3	5	7
チーム C：	4	9	2

（ちなみに言えば，面白いことに，この特定の構造は有名な洛書の一意的な正規の 3×3 魔方陣と同じである．それは紀元前数千年も前に中国人には知られていた［**正規**というのは，1 から始まる連続した整数を使ったものという意味である］．これはたまたまのことで，示そうとしていたことと何の関係もない歴史的な脱線だが，触れずに済ますことができなかったのである．）

この 3 チーム A, B, C が一連の試合に参加する．ここで**試合**というのは，1

つのチームの各プレイヤーが対戦チームのすべてのプレイヤーと1ゲームずつすることとする．つまり，1試合は9ゲームからなる．すると，AはBとの試合に5対4で勝つことになる（8はすべてのゲームに勝ち，1は1度も勝てず，6は2ゲームに勝つ）．また，BはCとの試合に5対4で勝つことになる（3は1ゲームに勝ち，5は2ゲームに勝ち，7は2ゲームに勝つ）．だから，AはBを負かし，BはCを負かす．だから，AはCを負かすことになるのだろうか？　いや，CはAを5対4で負かすのである（4は1ゲームに勝ち，9は3ゲームに勝ち，2は1ゲームに勝つ）．試合の結果は推移的でない．非常に驚くべきことに思えるだろうが，数えあげたのでは非難のしようがない．

この新しいパズルには，また別の非推移的な例で，解決するのがずっと難しいものがある．サイコロとテニス・チームの問題の場合では，文字通り数え上げることによって関連する影響を調べることができる．この新しい問題では，大変多くの可能性があるので，あなたが非常に辛抱強い人でない限り，手で計算をしようとすればひそかに気が変になるかもしれない．（やってみてご覧なさい！）ここでコンピュータが救世主となってくれるのである．何が確率の問題かということに対するもう1つの興味深いことは，コンピュータの解析が確率論的な評価をもたらさず，むしろ厳密な結果を与えてくれることである！　さて，問題である．

4枚の 2×2 のビンゴカードA, B, C, Dから始める（カードは下で与えるもの）．2人のプレイヤーが隣り合ったカードを選び，1から6までの数が無作為な順番に1つずつ，繰り返しなしに呼ばれる．つまり，6つの数が呼ばれればおしまいである．カードの水平の列が完成した最初のプレイヤーが勝ちであるとする．ここでの主張は，平均すると，AがBを負かし，BがCを負かし，CがDを負かすことだが，大きな主張は，一回りすると，DがAを負かすということである．問題はこの主張を確かめ，勝つ方のカードが負ける方のカードを負かす確率を求めることである．重要なことは引き分け（2人のプレイヤーが同時に「ビンゴ！」と叫ぶこと）があり得ることである．たとえば，AとBのカードでプレイされるとする．そのとき，呼ばれる数が1,4,2で始まるすべての列では引き分けになる．または，BとCのカードでプレイされるなら，呼ばれる数が2,5,4で始まるすべての列では引き分けになる．だから，引き分けになる確率を忘れてはいけない．

$$A = \begin{bmatrix} 1 & 2 \\ 3 & 4 \end{bmatrix} \quad B = \begin{bmatrix} 2 & 4 \\ 5 & 6 \end{bmatrix} \quad C = \begin{bmatrix} 1 & 3 \\ 4 & 5 \end{bmatrix} \quad D = \begin{bmatrix} 1 & 5 \\ 2 & 6 \end{bmatrix}$$

8.2 コンピュータ・シミュレーション

1 から 6 までの 6 つの数が繰り返しなしに呼ばれるのだから，可能な列は有限に過ぎず，$6! = 720$ の通りの列しかない．有限であるといはいえ，カードの各対で可能な列のそれぞれの場合にどうなるかを手計算するというにはあまりにも多い．しかし，コンピュータには単純な仕事である．MATLAB® のコード **bingo.m** はまさに，与えられたどんなカードの対に対しても 720 の可能な列のすべてのプレイを行い，各列でどちらのカードが勝った（または引き分けになった）かを記録するのである

対を与えてこのコードを走らせると，カードの対のそれぞれに対して，求める確率は

$$\begin{aligned} P(\text{A が B に勝つ}) &= P(\text{B が C に勝つ}) = P(\text{C が D に勝つ}) \\ &= P(\text{D が A に勝つ}) = \frac{336}{720} = \frac{14}{30} \end{aligned}$$

のように決まり，反対のことが起こる確率は

$$\begin{aligned} P(\text{B が A に勝つ}) &= P(\text{C が B に勝つ}) = P(\text{D が C に勝つ}) \\ &= P(\text{A が D に勝つ}) = \frac{312}{720} = \frac{13}{30} \end{aligned}$$

となり，

$$P(\text{引き分け}) = \frac{72}{720} = \frac{3}{30}$$

となる．

bingo.m がどのように働くかの説明をしよう．まず，一般的なアプローチを簡単に述べよう．コードは，X と Y がそれぞれカード A, B, C, D のどれかであるとして（具体的な選択はあなたが行う），カード X と Y を対戦させるものである．列の数が呼ばれるにつれて，X と Y の各部分列を調べて，そのときに呼ばれた数と一致するかを見て，もしも一致するならその小升に 0 を

置く．カードの行の和の1つが0になったとき，コードはカードがビンゴを達成したことが「わかる」（このアプローチは高度な数学的事実 $0+0=0$ を使っている）．もしこのことがXとYのうち**1つ**だけで起こっていれば，そのカードの勝ちである．もしXとYの**両方**で同時に和が0の行ができていれば，引き分けである．どんな列でも最後まで行けば確実に勝ちか引き分けかが起こる．それから，コードはXとYに元々のカードの値を復活させ（小升の中身が0になって壊れているところを戻す），新しい列を働かせる．

さて，もう少し詳しく述べよう．コードの最初の2行はA, B, C, Dを定義する．次の行は，MATLAB® の素晴らしいコマンドである *perms* を使っている．このコマンドは，変数であるベクトルの成分のすべての置換の作る行列を生成する．つまり，P は 720×6 行列で，その720の各行は1から6までの整数の置換である．そのとき，コードは x（カードXが勝つ回数）を0とし，y（カードYが勝つ回数）を0とし，*ties*（XとYが引き分ける回数）を0とする．それから，コードは，以下のように，行の中身をそのとき呼ばれた列とすることによって，P の各行を通して *loop* を始める．

$\mathrm{X}=\mathrm{D}$（または，ほかの可能なカードのどれでもよい）とおき，$\mathrm{Y}=\mathrm{A}$（または，ほかの可能なカードのどれでもよい）とおいた後[1]，*row* を P の次の行に等しくして，*xbingo* と *ybingo* の両方を0にして（たとえば，$xbingo=1$ はXがビンゴを達成したことを意味する），*keepplaying* を1とする．変数 i を1とおくが，i は呼ばれる列を生成する行の成分を通してコードを進めていく．

それから *while* ループが入ってきて，*keepplaying* が1である限り *row* の成分を1つずつ呼び出す．そのたびに，XとY，またはXかYの適切な小正方形を0とおく．それからXとYの行の和を計算し，0である和を見つけたら *xbingo* と *ybingo* のどちらか（または両方）を1に等しくする.（どちらも1になっていなければ i を1つ増やして，*row* の次の成分を呼び出す.）もし両方が1になっていれば引き分けである（そして *ties* を1だけ増やす）．もし一方だけが1になれば，勝負がつく（そして x か y かを1だけ増やす）．どの場合でも，ビンゴが起これば，*keepplaying* を0として，それによりコードは *while* ループを抜け出すことになる．これによりコード変数（とくにXとY）

[1]［訳註］この行で X=D;Y=A とあるのは対D, Aを指定したということであり，ほかの対で求めたければ，この行を書き直すということを意味している．

を初期化し直し，P の次の行をプレイする．

---

bingo.m

```
A=[1,2;3,4];B=[2,4;5,6];
C=[1,3;4,5];D=[1,5;2,6];
P=perms([1,2,3,4,5,6]);
x=0;y=0;ties=0;
for loop=1:720
    X=D;Y=A;
    row=P(loop,:);
    keepplaying=1;i=1;xbingo=0;ybingo=0;
    while keepplaying==1
        n=row(i);
        for j=1:2
            for k=1:2
                if X(j,k)==n
                    X(j,k)=0;
                else
                end
                if Y(j,k)==n
                    Y(j,k)=0;
                else
                end
            end
        end
        if X(1,1)+X(1,2)==0
            xbingo=1;
        elseif X(2,1)+X(2,2)==0
            xbingo=1;
        end
        if Y(1,1)+Y(1,2)==0
            ybingo=1;
```

```
        elseif Y(2,1)+Y(2,2)==0
            ybingo=1;
        end
        if xbingo==1&&ybingo==1
            ties=ties+1;keepplaying=0;
        elseif xbingo==1&&ybingo==0
            x=x+1;keepplaying=0;
        elseif xbingo==0&&ybingo==1
            y=y+1;keepplaying=0;
        end
        i=i+1;
    end
end
x,y,ties
```

第9章 ドライデルは公平か

9.1 問題

少なくとも中世の初め（そしておそらくキリストの時代）まで遡る古代ユダヤのゲームであるドライデルは，4つの側面を持つコマ[1]を使って（通常は子供が）2人以上で遊ぶハヌカー[2]の時期に行われる偶然のゲームである．コマの各面にはそれぞれ4つのヘブライ語の文字でヌーン，ギメル，ヘイ，シーンの1つが記されている．この4文字をそれぞれN, G, H, Sと呼ぼう．ゲームの初めでは p (≥ 2) 人のプレーヤーはそれぞれ1単位の金（1ドルとしておく）を出して，最初のポット（賭け金）とする．(より伝統的なポットは飴玉を入れるのかもしれないが，ここでは賭け金としておく.）それから，ある取り決めた順番で，プレイヤーが順にコマを回すのだが，そうするとコマが止まったとき4つの面のどれかを示すことになる．コマを回したプレイヤーは出た文字によって以下のようにする．

N：何も受け取らない

H：ポットの半分を受け取る

G：ポットのすべてを受け取る

S：-1，つまり，プレイヤーはポットに1ドルを**入れ**なければならない

コマが公平であり，回すごとに可能な4つの面を，それぞれ1/4の確率で

---

1) ［訳註］大雑把に言えば四角柱で，先端には円錐，手元には細い円柱がついている形．

2) ［訳註］ユダヤ教の年中行事で，紀元前2世紀の戦争でエルサレム神殿を奪回したことを記念して始まったとされ，ほぼクリスマスと時期が重なる．

示すことを仮定する．ゲームは誰か一人が最初にGを出すまで続けられる．問題は明らかで，コマが公平であるのはよいのだが，ゲームとして公平であるのかということである．つまり，多くの回数ゲームを行った後，すべてのプレイヤーが同じ平均で勝つことができるのか，ということである．

9.2　コンピュータ・シミュレーション

この問題を理論的に研究することもできるが簡単に解析できるわけではない．コンピュータ・シミュレーションをすればずっと簡単にそして速く着手することができる．そこで，$p = 2, 3, 4, 5$ 人のプレイヤーの場合のそれぞれに一千万回のドライデルのゲームを行い，ずっと誰が勝ったかを記録し続けるモンテカルロのMATLAB® コードを書くことにする．コード **top.m** で私がした仮定は，金が無限に分割可能であり，コマがHを出すたびに際限なくポットを半分にすることができるということである．さて，**top.m** はどのように働くのだろうか．

コードは p の値（プレイヤーの数）を訊ねることから始まる．p 元からなるベクトル変数 *winnings* が0に初期化される．*winnings*(i) には常に，（コードが次々とゲームをしていくにつれ）その時点でのプレイヤー i の勝数が入っていくことになる．それから，一千万のゲームの最初のゲームが始まる．*pot* の大きさが p とされ（各プレイヤーが1ドルずつポットに入れるので），*player* の初期値を1とする．変数 *keepplaying* を1とおく．現在のゲームが終わるまでコマを回し続ける *while* ループの中にコードがいることを示すのがこの値である．

公平なコマが回ることを，変数 *spin* に0から1までの一様な無作為な値を与えることで実現する．確率1/4で文字Nが出る（から何も起こらない）と考え，単にコマを次のプレイヤー（$player < p$ であれば $player + 1$ に，$player = p$ であればプレイヤー1に）渡す．確率1/4で文字Hが出る（からポットを半分にし，*player* の *winnings* に *pot* の値を増やす，*pot* の値は半分にされたばかりなのでHが出たときの値の半分になっている）と考える．それから，前と同じように，コマを次のプレイヤーに渡す．確率1/4で文字Gが出（るからそのプレイヤーはポットを全部受け取っ）て，ゲームは終わる．つまり，*keepplaying* を0とし，*while* ループを終わりにする．そして最後に，確率1/4

で文字Sが出る（からそのプレイヤーの *winnings* は1ドルだけ減り，*pot* の値は1ドルだけ増える）と考え，それからコマを次のプレイヤーに渡す．

keepplaying が0にされて *while* ループを抜けると，*pot*, *player*, *keepplaying* という変数がすべて開始時の値に戻され，新しいゲームが始まる．一千万回のゲームがすべて行われたときに，結果がコードの最終行によって表され，それが次の平均の *winnings* で下の表で示されるものになる．明らかにドライデルは公平なゲームではなく，聖なる休日に行われるゲームとしては奇妙なことである．プレイヤーが増えるほど不公平になり，コマを回す順番が早いものはより有利に，遅いものはより不利になる．

人数/プレイヤー	1	2	3	4	5
2	1.143	0.857			
3	1.361	0.956	0.68		
4	1.617	1.102	0.757	0.524	
5	1.9	1.267	0.855	0.58	0.398

top.m

```
p=input('プレイヤーの人数?')
winnings=zeros(1,p);
for game=1:10000000
    pot=p;
    keepplaying=1;player=1;
    while keepplaying==1;
        spin=rand;
        if spin<0.25
        elseif spin<0.5
            pot=pot/2;
            winnings(player)=winnings(player)+pot;
        elseif spin<0.75
            winnings(player)=winnings(player)+pot;
            keepplaying=0;
        else
```

```
            pot=pot+1;
            winnings(player)=winnings(player)-1;
        end
        if player==p
            player=1;
        else
            player=player+1;
        end
    end
end
winnings/10000000
```

第  章

ハリウッド・スリル

10.1 問題

ミシシッピ州バラクシでの悲劇的なバンジージャンプによる事故死のすぐ後，有名なハリウッドのディレクターであるアーヴィング・ナッツォの書類の中から以下のような予備的な映画の試案が発見された．カルテクの近くのパサデナ，ランチョクカモンガ，アズーサ[1]の3地区にある実際上あらゆる劇場で映画を見ることにすべての時間を費やしたために10代でカルテクを退学したナッツォは，死ぬ直前にカムバックの映画の計画をしていた．スターズの国際銀行のビバリーヒルズ支店への不法侵入に関して外国のギャング（告発はされていない）との関わりという疑惑のために10年間収監されていた連邦刑務所から釈放された後，彼の銀幕への復帰は，作業用のタイトルだが，『アヒルの復讐』でということになっていた．

その略取の間に盗まれた数百万ドルが戻ってくることはなく，当局はナッツォが友人のギャングに場所を知らせずに多くの現金を隠したと疑いを持った．しかし何も証明されることがなかった．それでも，(400 フィートの高さの橋からナッツォが跳んだときに正しい長さのものでなくなぜ500 フィートのバンジージャンプ用のロープに「誤って」取り換えられていたのかということも含めて）ナッツォが『復讐』のための資金をどこで獲得したかの説明になるかもしれない．映画がつくられることになるかどうかは明らかでない

[1]［訳註］カルテク（カリフォルニア工科大学）はパサデナに本拠があり，他の2都市はその近くにある．

けれど，ナッツォの予備的な試案が興味深い数学の問題として我々のもとに残っている

<u>「アヒルの復讐」（予備稿）</u>

アーヴィング・ナッツォ

恐ろしい，かって見たこともない最新の汚染が突然世界中に広まった．それは最初，不衛生な劇場のポップコーンの自動販売機で始まったようだが，今もあらゆるところにある．安全なものはいない．飛行場の公衆電話ボックスはもちろん，キャピトル・ヒル[2)]でさえも安全でない．(**特別な効果に注意**．ストックしてあるニュース画面を使ってオフィスから叫び声を上げながら走る下院議員のショットを見せることができるか，または何人かの上院議員を雇わないといけないか？）いったん症状が現れると，3分の2は恐ろしく長く続く死に方をする．その特効薬はひどすぎて**ほとんど**想像を絶する（が，絶対にできなくはなく，公開前の映画の予告編で大写しの詳しい描写を写実的に表現できる）．それから，すべての希望が失われたまさにそのとき，1つではなく**2つ**の新しい実験的な薬品が公表される．それぞれは異なる医学チームによるものである．(各チームのすべての医師は美しいかハンサムであり，例外は2人だけだが，それも25歳以下である．すべて正規の医師で**かつ**博士号取得者だが，例外があり，どちらのチームにも風変りだが魅力的な滑稽さを持ち，辛辣な口をきくコンピュータおたくがいる.)

不幸なことにどちらのチームの予備的な結果も非常に不確かで，動物試験にだけ，特に実験用のアヒルでの試験に基づいている．その理由は，ポップコーンが好むバクテリアが体内で繁殖する人間以外の唯一の動物がアヒルであることから．そこでそれぞれの薬品は異なるグループの感染した人間に別々に投与される．両方の薬品を同じ人に投与することはできない．なぜなら，薬品を一緒にすると相互に作用して複号物を作って，骨組織を溶かしてしまうことになるから．映画の予告編の中で，身の毛もよだつような見せ方でシナリオの説明をする．それには，実験室のアヒルの大群が，骨格をドロドロに変えながらヒステリックなガーガー

2)［訳註］アメリカ連邦議会議事堂のあるワシントンD.C.の小さい丘

声をあげる塊に潰れていくさまを見せる．これを 3-D で行なえば，きわめて印象的になるに違いない．

したがって，アヒルのデータはリスクのある人間での試験で補足されねばならず，それで 2 つの緊急の速い結果をもたらす試験のための志願者となるために進み出る勇敢な感染者は少ない．薬品 1 が 5 人の感染者からなる試験グループに投与されたとき，全員が回復した．しかし，薬品 2 が 12 人の感染者からなる試験グループに投与されたときは，3 人が死んだ．そこで，合衆国大統領はどちらの薬品を大量生産し始めるかという重大な決断に迫られる．時間と資金はどちら一方分だけしかない．どうすればいいのだ？

映画のヒーローの肖像は，DUCKSTEW[3] から有給休暇中の，優秀な（**3** つの博士号を持たせている）大学の数学者で，最近大統領の特別数学顧問に任命されたばかりのものとする．どちらの薬品を選ぶべきかを大統領にアドバイスするのが彼の大仕事である．（この役は，若い観客を映画に引き付ける助けに，よく知られた 10 代のアイドルが演じるといいだろう.）

ナッツォのノートはここで終わっている．最終の手書きのノートの一番下に鉛筆の走り書きで「もっと後で，ビッグ・ジャンプをして帰ったらすぐに」と書いてある．我々にはどういう最後だったかがわかっている．なんと悲しいことだろう．

それはそうと，これがあなたへのパズルである．「あなたが DUCKSTEW から有給休暇で大統領の数学アドバイザーになっていて，2 つの薬品のうち，試験で一人も死者を出さなかった方か 3 人の死者を出した方か，どちらを支持するのか」という問題である．世界の運命と DUCKSTEW の学問的な評判が剣ヶ峰の上にある！　このようなガッツのある映画を敢えて作ろうとするのはアーヴ・ナッツォのようなハリウッドの天才だけだろう．

[3] ［訳註］「全世界のために知識と科学技術を結合する優秀な大学」を意味する the Distinguished University for Combining Knowledge with Scientific Technology for the Entire World の頭文字をとったものだが，duckstew にはアヒルのシチューという意味がある．

10.2　理論的解析

ほとんどの人は感情的には試験グループから死者の出なかった薬品1を選ぶという方に傾くだろう．死者が出なかったという記録は完璧なものである！しかし，DUCKSTEWの数学教授としてあなたは，より良い方を知っている．つまり，実際に選ぶべきなのは，試験グループで3人の死者を出した薬品2の方なのである．なぜなのかを述べよう．どちらの薬品も実際には無価値であったと仮定しよう．それは，それぞれの試験グループでの結果が無作為な偶然にのみによっているという仮定である．そうすると，考えるのは次の問題である.「起こったことの背後に無作為な偶然がある」か「薬品が無価値であるという仮説にはそのような小さな確率しかないので，その確率は今から計算するのだが，薬品に価値が**ある**と信じることを支持して，その仮説を排除する方が妥当である」かのどちらを信じるか，という問題である．そのとき，我々の選択は，試験で偶然だけで起こる確率が**より少ない**方の薬品を選ぶということである．つまり,「帰無仮説」の排除を支持する公算の大きい方の薬品を選ぶことになる．

無価値な薬品を投与された後，感染した人が死ぬ確率を q とする．つまり，$q = 2/3$ である．5人のうちすべてが生き残る（つまり死者0人である）ならば，その事象の確率は

$$\binom{5}{0}\left(\frac{2}{3}\right)^0\left(\frac{1}{3}\right)^5 = \frac{1}{3^5} = 0.0041$$

である．12人のうち死ぬのが高々3人なら，その事象の確率は

$$\binom{12}{0}\left(\frac{2}{3}\right)^0\left(\frac{1}{3}\right)^{12} + \binom{12}{1}\left(\frac{2}{3}\right)^1\left(\frac{1}{3}\right)^{11} + \binom{12}{2}\left(\frac{2}{3}\right)^2\left(\frac{1}{3}\right)^{10}$$
$$+ \binom{12}{3}\left(\frac{2}{3}\right)^3\left(\frac{1}{3}\right)^9 = \frac{1}{3^{12}} + \frac{24}{3^{12}} + \frac{264}{3^{12}} + \frac{1760}{3^{12}} = \frac{2049}{3^{12}} = 0.0038$$

である．

ちょっとした違いである．が，試験中に3人死者を出したけれど，薬品2の方が薬品1よりもより効果的な薬であるという機会がほんの少し大きい．こ

れは直観的な結論ではない．でも，そう，数学解析の力の素晴らしい説明になっている．

映画で会おう，ただし『アヒルの復讐』ではなく．しかし，安全な側にいたいのなら，ポップコーンにバターをつけるのは止めた方がいい！　そしてアーヴのために祈ってほしい．

第  章

n 人の嘘つきの問題

11.1 問題

n 人の人がいて，どの人も何かの言明をするときに確率 p で正しいことを言うと仮定しよう．つまり，$p=1$ なら決して嘘をつかないし（常に正しいことを言う），$p=0$ なら常に嘘をつくということである．n 人の人はそれぞれ，ほかの人とは関係なく嘘をつくか正しいことを言う．さて，この n 人の人が左から右へ，肩を並べて一列に並んでいるとする．一番左の人から始め，あなたが彼の耳に「はい」か「いいえ」を囁き，それからその人は頭を回して，次の人の耳に自分が聞いたことを囁く．つまり，**嘘をつかない限り**自分が聞いたことを繰り返す．ということは，嘘をつくときは，実際に「いいえ」と聞いた時には「はい」と囁き，実際に「はい」と聞いた時には「いいえ」と囁く．これを一番右の人が，2 つの言葉のうちの 1 つを隣の人が彼の耳に囁くのを聞くまで続け，それから彼は大声で「はい」か「いいえ」を大声で言う．言われた言葉があなたが最初に囁いた言葉である確率 $Q(n)$ はいくつか？

$n=41$ で $p=0.99$ の場合にあなたの答の値を求めよ．$n\to\infty$ のときにはどうなるだろうか？

11.2　理論的解析

I.8 節で，コインを n 回投げて偶数回表が出る確率 $P(n)$ を，独立に投げるときに表が出る確率を p として計算したが，その結果は

$$P(n) = \frac{1}{2} + \frac{1}{2}(1-2p)^n$$

であった．おそらく，コイン投げの解析をしたときには，本質的には単に面白い練習問題に見えただろう．だが今度は，実際には 2 重に面白い演習問題であることがわかるだろう！　さて，以前の解析をこの新しい問題に適用してみよう．

「はい」で始まったときに嘘つきの列の端で「はい」が現れるには（または,「いいえ」で始まる鎖が「いいえ」で終わるには），偶数回の嘘が起き（嘘が打ち消され）ねばならない．これは，それぞれ（裏と嘘）が起こる確率が $1-p$ であるようなコイン投げの問題で，裏が偶数回出ることと同値である．さて，n が偶数なら，裏が偶数回出るのと表が偶数回出るのとは同値なので，$Q(n) = P(n)$ である．つまり，

$$Q(n) = \frac{1}{2} + \frac{1}{2}(1-2p)^n, \quad n \text{ は偶数}$$

である．しかし n が奇数なら，裏が偶数回出るのは表が奇数回出るのと同じで，確率 $1-P(n)$ で起こる．だから，

$$Q(n) = 1 - \frac{1}{2} - \frac{1}{2}(1-2p)^n = \frac{1}{2} - \frac{1}{2}(1-2p)^n, \quad n \text{ は奇数}$$

となる．この 2 つの $Q(n)$ の表示を，n が偶数でも奇数でも成り立つように，

$$Q(n) = \frac{1}{2} + (-1)^n \frac{1}{2}(1-2p)^n$$

と 1 つの表示で表わすことができる．n が偶数か奇数かによってそれぞれ $(-1)^n = +1$ か -1 であるからである．こうして，最終的に，どんな n に対しても

$$Q(n) = \frac{1}{2} + \frac{1}{2}(2p-1)^n$$

が得られる．$n = 41$ 人の嘘つきと $p = 0.99$ のときは確率は 0.718393 となる．また，すべての $0 < p < 1$ に対して

$$\lim_{n \to \infty} Q(n) = \frac{1}{2}$$

となる．嘘つきの数が増えるにつれ，$p = 0$ か $p = 1$ 以外のどんな値の p に対しても，どちらの言葉が過程の端で現れるかは五分五分になる．$p = 1$（あらゆる人が常に正しいことを言うの）であれば明らかに $Q(n) = 1$ であるが，一方 $p = 0$（皆がいつも嘘をつくの）であれば，n が偶数か奇数であるかに従ってそれぞれ $Q(n) = 1$ か 0 となる．

11.3　コンピュータ・シミュレーション

n 人の嘘つきの鎖のコンピュータ・シミュレーションの背後にあるアイデアは直線的なものである．コードは単に初めから終わりまで嘘の数 *lies* を数えていき，鎖全体がシミュレートされた後，この数えたものが「偶数である」ことを確かめる．もし偶数ならば，鎖の端で現れる言葉は鎖の初めの言葉である．短いコードのとき **liar.m** は一千万人の嘘つきの鎖をシミュレートし，$n = 41$ と $p = 0.99$ に対して走らせたときの評価は $Q(41) = 0.7184214$ であった．この値と理論値との近さは印象的である．

---

liar.m

```
n=41;p=0.99;total=0;
for loop=1:10000000
    lies=0;
    for k=1:n
        if rand>p
            lies=lies+1;
        end
    end
    if lies==2*floor(lies/2)
        total=total+1;
    end
```

```
end
total/10000000
```

第12章 法律の不便さ

12.1 問題

ここではまえがきの初めに簡単に述べた，就労証明書のない住民の問題に戻ることにする．そうだ，最初 b 個の黒玉と r 個の赤玉が入った壺で始めた，次の数学的状況を考えたのだった．1回に1つの玉を無作為に取り出し，それが黒玉だったら壺に戻し，赤玉だったら取り除く．取り除いた赤玉の割合が f になるまでこれを続ける．この手続きが終わるまでに，平均して，黒玉が何回取り出されたかに興味がある．特に，$f = 0.5, 0.9, 0.99$ の場合の平均数に興味がある．役に立つのなら，アメリカでは b は億の単位で，r は少ないけれどそれでも百万の単位のものであるという事実を使うことにする（2011年12月にこれを書いているので，b と r はそれぞれ，約3億1千2百万の合法的居住者と1千万から1千5百万の就労証明書のない住民となるが）．

12.2 理論的解析

初めに，SとFの無作為な列で最初のSに出会うまでの試行の平均数 μ に関する第4章の問題で導いた結果を思い出しておこう．ここで，p は1つのSの確率で $\mu = 1/p$ である．赤玉を引くことをSであると考えるなら，上の玉を取り出す手続きを始めるとき

$$p = \frac{r}{r+b}$$

であって，最初に赤玉を得るまでの平均の引数は

$$\frac{1}{p} = \frac{r+b}{r} = 1 + \frac{b}{r}$$

となる．

いったん最初の赤玉が引かれ（て取り除かれ）ると，壺には b 個の黒玉と $r-1$ 個の赤玉が残るので，2 つ目の赤玉を得るまでにさらに掛かる平均の引数は $1+b/(r-1)$ である．赤玉の数が $(1-f)r$ になるまでこのように続けていくことができる．最後の赤玉を得るには，平均して，さらに $1+b/(r-rf)$ 回引く必要がある．（r と b の両方とも大きな数なので，n が小さな数のときは，$rf+n$ の代わりに rf を使うことで起こる小さな誤差にはあまり気にしないことにしよう．）赤玉を r から $r-rf$ に減らすために，平均で，行う引きの総数 T は

$$T = \left(1 + \frac{b}{r}\right) + \left(1 + \frac{b}{r-1}\right) + \left(1 + \frac{b}{r-2}\right) + \cdots + \left(1 + \frac{b}{r-rf}\right)$$

である．ここで，和における項数は $\approx rf$ である．こうして，

$$T \approx rf + b\sum_{k=0}^{rf}\left(\frac{1}{r-k}\right)$$

となる．この減らしていく過程の中でそれぞれの黒球が引かれる平均回数は T/b となるので，元の問題の形式的な答は

$$\frac{T}{b} \approx \frac{rf}{b} + \sum_{k=0}^{rf}\left(\frac{1}{r-k}\right) \approx \sum_{k=0}^{rf}\left(\frac{1}{r-k}\right)$$

となる．ここで，$(r/b)f$ という項が落としてあるのは，$(r/b)f \ll 1$ だからである．

これが正しい答だが，ほとんどの人はこれでは不満だろう．少なくとも，調和級数の部分和が非常にゆっくりと増加することから，大量の計算をしないといけないことがわかる．運の良いことに，もう少し頑張れば，ずっと良い形の答にすることができる．

（1781 年に）スイス生まれの天才数学者であるオイラーが書きくだしたとき以来，$n \geq 1$ に対して，

$$\sum_{k=1}^{n}\left(\frac{1}{k}\right) \approx \log n + \frac{1}{2n} + \gamma$$

が非常に良い近似で成り立つことが知られている．ここで，$\gamma = 0.577215664\ldots$ は**オイラー数**である．$n = 1$ という非常に早い場合でさえ，右辺の表示の誤差は 8% より小さく，n が大きくなるにつれてさらに小さくなっていく．ところで，

$$\sum_{k=0}^{rf}\left(\frac{1}{r-k}\right) = \sum_{k=r-rf}^{r}\left(\frac{1}{k}\right) = \sum_{k=1}^{r}\left(\frac{1}{k}\right) - \sum_{k=1}^{r-rf}\left(\frac{1}{k}\right)$$

である [1)]．ここで，最初の等式は，2 つ目の和が単に 1 つ目の和と順番が逆になっているだけで，2 つの和が項ごとに同じであるという観測から得られる．だから，1 番右の式にオイラーの近似を使うと，

$$\sum_{k=0}^{rf}\left(\frac{1}{r-k}\right) \approx \left[\log(r) + \frac{1}{2r} + \gamma\right] - \left[\log(r-rf) + \frac{1}{2(r-rf)} + \gamma\right]$$

となる．$1/2r \ll 1$ だから，$1/2(r-rf) \ll 1$ でもあるので，

$$\sum_{k=0}^{rf}\left(\frac{1}{r-k}\right) \approx \log(r) - \log(r-rf) = \log\left(\frac{r}{r-rf}\right)$$
$$= \log\left(\frac{1}{1-f}\right) = -\log(1-f)$$

となる．

赤球の数が r から $r - rf$ に減る過程の中で各黒球が引かれる平均回数のこの形の表示は簡単に計算できる！　これが b や r の値によっていないということに注意してほしい．これはまったく予期されないことだと私は思う．$f = 0.5, 0.9, 0.99$ という値に対して，各黒球が引かれる平均回数はそれぞれ $0.69, 2.3, 4.6$ である．就労証明書のない住民を発見するために，警察が人々を無作為に留めるという文脈の中でこれらの数が「受け入れ可能」なものかどうかということは，この解析で答えることができる問題ではない．数学は数を与えはするが，決めるのは人民がすべきことである．

---

1)［訳註］実は最後の式には $1/(r-rf)$ が足らない．しかし，この下の式の右辺の 2 つ目のカッコの中の 2 つ目の式の符号を変えたものになるだけで，そのすぐ下で，微小だからとその項を省略しているので，それ以降の式には全く影響しない．

第 13 章

いつスーパーボウルがブローアウトになるかのパズル

13.1 問題

あなたが友達とテレビでスーパーボウル[1]の試合を見ていて，片方のチームが第 3 クォーターの終わりに 6 回のタッチダウンの分だけリードしているとしよう[2]．何か面白いことがないかとお天気チャンネルに変える代わりに次のことをする．次のパズルでお仲間に挑戦し，よい数学の問題に取り組むという期待に彼らの鈍くて退屈している眼が輝く様子を観察するのだ．（よく知られているように）本当の数学をするととても食欲が進むので，きっとたくさんの割増料金のビールとポテトチップスを手に持つことになるだろう．

NFL の 32 チームが次のようにシーズンを戦うと決めたとしよう．各チームは他のあらゆるチームと 1 回戦う（AFC や NFC，またものごとを混乱させる他のどのようなナンセンスな分割はないとする）．さらに，すべてのチームは完全に対等であるとする．だから，あらゆるゲームはコイン投げのように五分五分である，つまり，各チームがどのゲームに勝つ確率も 1/2 であるとする．すべてのゲームには延長戦があり，引き分けはないとする．つまり，どのゲームでも勝つのは 1 チームで，負けるのも 1 チームである．これは，全部で $(31)(32)/2 = 496$ ゲームのかなり長いシーズンであるが，本物のフッ

[1] ［訳註］アメリカンフットボールの，アメリカのプロリーグ NFL (National Football League) の，2 つの代表が対決する試合で，アメリカの最大のスポーツイベントである．2 つとは NFC (National Football Conference) と AFC (American Football Conference) というカンファレンスであるが，優勝を決める手続きが複雑なので，本章では単純な形式を設定している．

[2] ［訳註］逆転する可能性がほとんどなく，テレビを見ている興味が薄れているという状況を意味しているだけなのだろう．

トボールのファンはそれが好きなのである！(だから，シーズンの終わり，もしかするともっと早くに，プレイヤーが救急車で診療室や病院にやって来るときには，医者たちも好きになっているだろう.)

ここで問題である．32 チームすべてのシーズンの記録が**異なる**，つまり，各チームの勝ち数が**異なる**確率はいくつか？

13.2　理論的解析

この問題を n チームという一般の場合に解くことにする．そうすれば，終わった後で $n = 32$ を代入すればよい．この問題をこじ開けて解答に至る 2 つの鍵となる考察がある．最初のものは，1 つのチームが勝ち得るゲームの最大数は $n-1$（各チームが戦うチームの数）であることである．なぜなら，どのチームも自分とは戦えないし，1 チームが勝ち得る最小数は 0 であるから．0 から $n-1$ までの数の数は n であるので，各チームに**異なる**総勝ち数を与えることは十分にできる．n チームに n 個の数を与える仕方は全部で $n!$ 通りある．鍵になる観察の 2 つ目は，$n!$ 通りの与え方はそれぞれ同じ確率だということである．これは対称性から導かれる．同じ技量のチームを他のチームと区別するものがないということである．だから，$n!$ 通りの**どの**与え方に対しても，この確率を計算できるなら，これを確率 P と呼ぶことにすれば，問題の答はまさに $n!P$ ということになる．

チームに 1 番目から n 番目という番号をつけ，シーズン終了時のチームの勝ち数を，1 番目のチームから，左から右に並べて書くとする．そのとき，

$$n-1, n-2, n-3, \ldots, 3, 2, 1, 0$$

という特別な列に注目することにしよう．これはつまり，1 番目のチームが $n-1$ ゲームのすべてに勝ち，2 番目のチームが $n-1$ ゲームのうち 1 ゲームを除くすべてに勝ち，3 番目のチームが $n-1$ ゲームのうち 2 ゲームを除くすべてに勝ち，などと続き，最後の n 番目のチームが $n-1$ ゲームのどれにも勝てなかったということである．2 番目のチームは 1 番目のチームによって 1 敗させられるということである（他のチームに負けることはできないのは，もしそうなら 1 番目のチームを負かしたことになるが，そうでないことはわかっているからである）．同じように，3 番目のチームは 1 番目と 2 番

目のチームによって負かされたことになる．このあとも同様である．つまり，上の列で左から右に移るにつれ，各チームは左側のチームによって負かされたことになる．

だから，上の特別な列の確率は，1 番目のチームが $n-1$ ゲームに勝つ確率掛ける，2 番目のチームが $n-2$ ゲームに勝つ確率（このチームが 1 敗していることはすでに前の段階で数えられている）掛ける，3 番目のチームが $n-3$ ゲームに勝つ確率掛ける，... と続いていき，最後に，n 番目のチームが 0 ゲームに勝つ確率を掛けたものになる．つまり，

$$P = \left(\frac{1}{2}\right)^{n-1}\left(\frac{1}{2}\right)^{n-2}\left(\frac{1}{2}\right)^{n-3}\cdots\left(\frac{1}{2}\right)^{0} = \left(\frac{1}{2}\right)^{(n-1)+(n-2)+(n-3)+\cdots+0}$$

$$= \left(\frac{1}{2}\right)^{n(n-1)/2}$$

となる．それから，元の問題の答は $n!/2^{n(n-1)/2}$ となる．$n = 32$ である NFL に対しては，この確率は $32!/2^{496} = 1.3 \times 10^{-114}$ となる．絶対に不可能だというわけではないが，とんでもなく不可能に近い．

第  章

ダーツと弾道ミサイル

14.1 問題

2人のダーツのプレイヤーAとBが$2R \times 2R$の大きさの正方形のダーツボードの前に立っている．ボードには，ボードの中心を中心とする半径Rの円形の的が描かれている．ボードの端に平行な軸を持つx, y座標系の原点がこの中心点であると考える．AとBはそれぞれボードに1本のダーツを投げ，各ダーツは実際にボード上のどこかには当たるのだが，2人にはかなりはっきりした投擲技術の差がある．Aがダーツを投げるときは，当たった点の座標を(X, Y)とすると，XとYは独立な確率変数で，それぞれが$-R$からRまで一様に分布する．Bがダーツを投げるときは，当たった点の座標は(X, X)であって，Xは前と同じように$-R$からRまで一様に分布する確率変数とする．

（すぐ後に述べる）本章の問題の本当のパズルに対するウォーミングアップとして，Aのダーツが円形の的に当たる確率を計算し（この結果をP_Aと呼ぶ），同じことをBのダーツに対して行え（この結果をP_Bと呼ぶ）．これらの計算をするのは難しいことではなく，Rに関係なく，$P_A > P_B$であることが証明できるはずである．

それができたとすれば，今度は本当の問題となる．一様に分布するXとYの代わりに，まだ同じ分布をして独立だが，平均0で**正規**分布する確率変数

をとる．つまり，それらの確率密度関数は

$$f_X(x) = \frac{1}{\sigma\sqrt{2\pi}} e^{-x^2/2\sigma^2}, \quad -\infty < x < \infty$$
$$f_Y(y) = \frac{1}{\sigma\sqrt{2\pi}} e^{-y^2/2\sigma^2}, \quad -\infty < y < \infty$$

である．ここで，σ は正のパラメータ（距離の単位とする）で，**標準偏差**と呼ばれる．これらは，ドイツの大数学者カール・フリードリヒ・ガウス (1777–1855) にちなんで名づけられた，有名な鐘の形のガウスの確率曲線に対する方程式である．

今度はもちろん，ダーツボードは任意に大きく，どちらのダーツも可能性としてはボードの無限 x, y 平面で原点から任意の遠さに当たることができると考える．しかし，問題は前と同じで，座標系の原点から距離 R までの場所に，それぞれ A と B のダーツが当たる確率 P_A と P_B はいくつか，というものである．これらの新しい問題は，今や明らかに，ダーツゲームよりも，遠くの目標への弾道ミサイルの着弾点により関係している（そのとき σ はミサイルの**はずれの距離**を測るものになっている）ので，このパズルの名前の 2 つ目の部分の理由になっている．

それでも，最初のダーツの場合のように，すべての R に対して $P_A > P_B$ であることは正しいだろうか？

14.2 理論的解析

最初にウォーミングアップの問題を考える．A がダーツを投げると，ダーツはボードのどこに当たることもあるのだが，そのたび小さい面積の斑点のようなものができ，ダーツを同じ面積の斑点と考えることにする．だから，円形の的の中に当たるダーツの確率は単に円形の的とボードの面積との比である．すなわち，

$$P_A = \frac{\pi R^2}{4R^2} = \frac{\pi}{4} = 0.785$$

である．

B がダーツを投げると，（ピュタゴラスの定理により）原点からの距離が $\sqrt{2X^2}$ 以内の場所に当たる．円形の的に当たるにはこれが R 以下にならない

といけない．こうして，

$$P_B = \mathrm{Prob}(2X^2 \le R) = \mathrm{Prob}\left(-\frac{R}{\sqrt{2}} \le X \le \frac{R}{\sqrt{2}}\right)$$

となり，X が $-R$ から R までの範囲で一様だから，

$$P_B = \frac{2\frac{R}{\sqrt{2}}}{2R} = \frac{1}{\sqrt{2}} = \frac{\sqrt{2}}{2} = 0.707$$

となる．これら 2 つの結果は R によらないので，A が円形の的に当たる確率の方が常に大きい．X と Y が標準分布する場合に移っても，このことが成り立つかどうかを見てみることにしよう．

A に対しては

$$P_A = \mathrm{Prob}(\sqrt{X^2 + Y^2} \le R)$$

となる．X と Y は独立なので，その同時確率密度関数が

$$f_{X,Y}(x,y) = f_X(x)f_Y(y) = \frac{1}{2\pi\sigma^2}e^{-1/2\sigma^2(x^2+y^2)},\ -\infty < x, y < \infty$$

であることがわかり，だから，座標原点を中心とする半径 R の円上で積分すると

$$P_A = \iint f_{X,Y}(x,y)\,dxdy = \iint f_{X,Y}(x,y)\,dA$$

となる．ここで，$dA = dxdy$ は x, y 座標系における面積要素である．極座標に変換するというよく知られたトリックを使うと，$x^2 + y^2 = r^2$ であり，今度は面積要素は $dA = r\,drd\theta$ となる．円形領域を覆うには，r と θ はそれぞれ 0 から R までと，0 から 2π までに変わる．だから，

$$P_A = \int_0^{2\pi}\int_0^R \frac{1}{2\pi\sigma^2}e^{-r^2/2\sigma^2}r\,drd\theta = \frac{1}{\sigma^2}\int_0^R re^{-r^2/2\sigma^2}\,dr$$

となる．この最後の積分は実行可能で，結局は実行するのだけれど，すぐにわかるように，まだ実行しなければいけないわけではない．

B に対しては

$$\begin{aligned}P_B &= \mathrm{Prob}(2X^2 \le R^2) = \mathrm{Prob}\left(-\frac{R}{\sqrt{2}} \le X \le \frac{R}{\sqrt{2}}\right)\\ &= \int_{-R/\sqrt{2}}^{R/\sqrt{2}} \frac{1}{\sigma\sqrt{2\pi}}e^{-x^2/2\sigma^2}\,dx = \frac{2}{\sigma\sqrt{2\pi}}\int_0^{R/\sqrt{2}} e^{-x^2/2\sigma^2}\,dx\\ &= \frac{1}{\sigma}\sqrt{\frac{2}{\pi}}\int_0^{R/\sqrt{2}} e^{-x^2/2\sigma^2}\,dx\end{aligned}$$

となる．ここで，$x=0$ のまわりの積分の対称性の利点を使っている．積分変数を x から r に，変換 $r=x\sqrt{2}$ で変えたら，

$$P_B = \frac{1}{\sigma}\sqrt{\frac{2}{\pi}}\int_0^R e^{-r^2/4\sigma^2}\,\frac{dr}{\sqrt{2}} = \frac{1}{\sigma\sqrt{\pi}}\int_0^R e^{-r^2/4\sigma^2}\,dr$$

となる．

ここで，関数 $f(R)$ を P_B と P_A の差であると定義しよう．つまり，

$$f(R) = P_B - P_A = \frac{1}{\sigma\sqrt{\pi}}\int_0^R e^{-r^2/4\sigma^2}\,dr - \frac{1}{\sigma^2}\int_0^R re^{-r^2/2\sigma^2}\,dr$$

とする．次に微分法の公式

$$\frac{d}{dR}\int_{\phi_1(R)}^{\phi_2(R)} F(r,R)\,dr = \int_{\phi_1(R)}^{\phi_2(R)} \frac{\partial F}{\partial R}dr + F(\phi_2,R)\frac{d\phi_2}{dR} - F(\phi_1,R)\frac{d\phi_1}{dR}$$

を思い出しておこう（大学用の大抵の微積分の教科書に載っている）．$f(R)$ に対する式の右辺の積分の被積分関数は R に依存していないので，上の式から df/dR は

$$\begin{aligned}\frac{df}{dR} &= \frac{1}{\sigma\sqrt{\pi}}e^{-R^2/4\sigma^2} - \frac{1}{\sigma^2}Re^{-R^2/2\sigma^2} = \frac{1}{\sigma}e^{-R^2/4\sigma^2}\left[\frac{1}{\sqrt{\pi}} - \frac{1}{\sigma}Re^{-R^2/4\sigma^2}\right]\\ &= \frac{1}{\sigma}e^{-R^2/4\sigma^2}g(R)\end{aligned}$$

と書くことができる．ここで

$$g(R) = \frac{1}{\sqrt{\pi}} - \frac{1}{\sigma}Re^{-R^2/4\sigma^2}$$

である．

どんな $\sigma>0$ に対しても，$g(R)=0$ が 2 つの正の解を持つ（この解析の終わりの技術的な註の中でこの証明をする），つまり，$g(R_1)=g(R_2)=0$ を満たす 2 つの R の値（それを R_1 と R_2 と呼ぶ）があることを証明するのは易しい．R のその値で $df/dR=0$ となることになる．ここが知っておくと便利である理由である．$R=0$ のとき，f の定義における積分が $R=0$ のときになるから $f=0$ であり，$R=0$ のときに $df/dR=1/\sigma\sqrt{\pi}>0$ であることがわかる．だから，$0\le R<R_1$ に対して関数 f は増加し，それから $R=R_1$ のときに f が極大値に達して，それから $R>R_1$ に対しては関数 f は $R=R_2$

までは減少し，そこでまた極値になるが，今度は極小値にならないといけない．それから $R > R_2$ に対しては関数 f はまた増加する．

$$\lim_{R\to\infty} f(R) = \frac{1}{\sigma\sqrt{\pi}}\int_0^\infty e^{-r^2/4\sigma^2}\,dr - \frac{1}{\sigma^2}\int_0^\infty re^{-r^2/2\sigma^2}\,dr$$

であり，この 1 つ目の積分はよく知られていて（微積分の教科書にはあるし，私の『パーキンス夫人の電子キルト』[Princeton 2009], pp.282–283 にもある），第 2 の積分を計算するのは易しいので，

$$\lim_{R\to\infty} f(R) = \frac{1}{\sigma\sqrt{\pi}}(\sigma\sqrt{\pi}) - \frac{1}{\sigma^2}(\sigma^2) = 1 - 1 = 0$$

このことから，$R > R_2$ に対して f は増加しているので，f が負であることがわかる（増加関数が 0 に近づくにはこうなるしかない）．

これまでのことをまとめると，$R = 0$ から始まり，$R = R_1$ までは $f(R) = P_B - P_A$ は 0 から大きくなっていき，$R_1 < R < R_2$ の区間では f は減少し，**0 を通過して負になっていき**，それからまた $R > R_2$ では 0 に向かって増加し始める．つまり，R_1 と R_2 の間の R のある値があって，それを R_C とすると，

$$f(R) = P_B - P_A \begin{cases} > 0, & 0 < R < R_C \\ < 0, & R_C < R < \infty \end{cases}$$

となる．したがって，ダーツと同じように，**常に** $P_A > P_B$ であるということは正しくない．むしろ，$R < R_C$ であれば，B のミサイルの方が円形の的に当たりやすいが，一方，$R > R_C$ であれば，A のミサイルの方が円形の的に当たりやすい．

R_C の実際の値を求めるために，変換 $r = u\sigma$ を使って $f(R)$ の式の変数変換をしよう．そのとき，$dr = \sigma\,du$ であり，

$$f = \frac{1}{\sigma\sqrt{\pi}}\int_0^{R/\sigma} e^{-u^2\sigma^2/4\sigma^2}\sigma\,du - \frac{1}{\sigma^2}\int_0^{R/\sigma} u\sigma e^{-u^2\sigma^2/2\sigma^2}\sigma\,du$$

となる．さらに，$w = R/\sigma$ とおけば，

$$f(w) = \frac{1}{\sqrt{\pi}}\int_0^w e^{-u^2/4}\,du - \int_0^w e^{-u^2/2}\,du$$

となる．$f = 0$ を与える w の値を見つけたい．これはいくつかあるアルゴリズムのどれを使っても容易に行うことができる．私は**ニュートン・ラフソン法**と

呼ばれる非常に評判の良い数値計算法を使った（その導出と歴史的背景については私の著書 *When Least Is Best*（プリンストン大学出版局），pp.120–123 参照[1]）．その手続きは，w に対する評価が与えられたとき（それを w_n と書く），次の（そしておそらくはより良い）評価 w_{n+1}

$$w_{n+1} = w_n - \frac{f(w_n)}{f'(w_n)}$$

を生成する反復法である．ここで，$f(w_n)$ は上の式で与えられ，$f'(w_n)$ は df/dw で，

$$f'(w) = \frac{e^{-w^2/4}}{\sqrt{\pi}} - we^{-w^2/2}$$

で与えられる（上でやった積分を微分する議論を思い出すこと）．

$f(w)$ の計算にはよい積分用のソフトウェアが必要で，私は MATLAB® の強力な（quadrature（求積）という意味の）*quad* というコマンドを使った．最初の推測値 $w_1 = 1$（この推測が生まれる理由は下の技術的な註を参照）から始めると，ニュートン・ラフソン法は急速に $w = 1.75294$ に収束する．つまり，$R_C = 1.75294\sigma$ である．

技術的な註

さて，$g(R) = 0$ が常に 2 つの正の解を持つことを示すという最後の仕事が残っている．図 14.2.1 には，σ の（0.5, 1, 2 という）3 つの値に対して，$\frac{1}{\sigma}Re^{-R^2/4\sigma^2}$ がプロットしてある．3 つの曲線すべてでピークが定数 $1/\sqrt{\pi}$ よりも上にあること（σ が大きくなるにつれピークが右にずれる），その結果，常に水平線と 2 つの交点を持つことがわかる．この図は単に説明目的のためのものであり，すべての $\sigma > 0$ に対してピークの値が $1/\sqrt{\pi}$ よりも大きく，常に $\frac{1}{\sigma}Re^{-R^2/4\sigma^2}$ が 2 回起こることを証明することは易しい．

$\frac{1}{\sigma}Re^{-R^2/4\sigma^2}$ の最大値が起こるのはその導関数が 0 になるところである．だから，微分して

$$\frac{1}{\sigma}\left[e^{-R^2/4\sigma^2} + R\left(-\frac{2R}{4\sigma^2}e^{-R^2/4\sigma^2}\right)\right] = \frac{1}{\sigma}e^{-R^2/4\sigma^2}\left[1 - \frac{R^2}{2\sigma^2}\right] = 0$$

[1]［訳註］もちろん，その著書でなくても多くの数値解析の教科書に掲載されているが，その日本語訳『最大値と最小値の数学』（細川尋史訳）も丸善出版から出版されている．

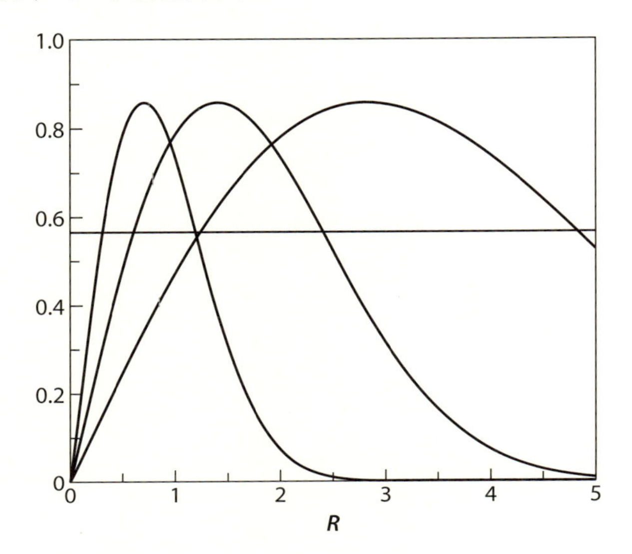

図 14.2.1　$\frac{1}{\sigma}Re^{-R^2/4\sigma^2}$ の最大値は $1/\sqrt{\pi}$ より大きい

となるのは，$R = \sigma\sqrt{2}$ のときである．これが最大値

$$\frac{1}{\sigma}\sigma\sqrt{2}\,e^{-2\sigma^2/4\sigma^2} = \sqrt{2}\,e^{-1/2} = \sqrt{\frac{2}{e}}$$

を与える．この結果は σ によっていない．さて，$\sqrt{2/e} > 1/\sqrt{\pi}$ であるのは $2/e > 1/\pi$ だからであり，それはまた $2\pi > e$ だからであり，そしてそれは $2\pi > 6$ なのに $e < 3$ であるからである．

もし真ん中の曲線（$\sigma = 1$ だから $w = R$ である）を見るなら，$1/\sqrt{\pi}$ の直線と大体 $R \approx 0.5$ と $R \approx 2.5$ で交わっている．これらが R_1 と R_2 の値であり，R_C はその間のどこかである．それが $w_1 = 1$ と取った理由である（しかし，おおよそ 0.8 から 2.2 までの区間のどんな初期値でも同じようにうまくいく）．

第 15 章

血液検査

15.1 問題

非常に大勢の，N 人の人々がそれぞれ可能な危険な感染症のために血液検査をするとしよう．たとえば，第 2 次世界大戦の間に兵役に就いた百万人の人と，当時はそれほど珍しくはなかった性感染症の梅毒を考える．これを行う明白な方法は単にそれぞれの人を検査することで，全部で N 回の検査を行うことである．第 2 次世界大戦の間，梅毒は珍しくはなかったが，ほとんどの人は実際には罹患していなかったという事実に基づいた，それとは異なる，極めて創意のある代わりのアプローチが実際には使われたのである．

基礎になるアイデアは単純である．ある数 k に対して，k 人からの血液サンプルをとりそれを混ぜたものを検査する．もし k 人すべてが感染していなかったら，検査は陰性になり，1 回の検査で k 人すべてが同時に排除できる．しかし，もし検査が陽性なら少なくとも 1 人の人が感染していることになるので，彼らすべてを個別に再検査することになって，全部で $k+1$ 回の検査となる．感染している確率を p としたときに 2 つのことが問題となる．(1) 検査の数の期待値を最小にする k の値はいくつか？　(2) k がその値のとき，検査の期待値はいくつ（で，それぞれの人を個別に検査したときの検査の数 N と比べたらどう）か？

15.2　理論的解析

p はある人が検査で陽性になる確率だから，$1-p$ は検査で陰性になる確率である．こうして，$(1-p)^k$ は k 人からの血液サンプルを混ぜたものが陰性である確率であり，$1-(1-p)^k$ は検査が陽性であ（り，さらに k 回の個別な検査が必要とな）る確率である．だからわかったことは，k 人からの混合血液それぞれに対して

1 回の検査である確率は $(1-p)^k$ であり，
$k+1$ 回の検査である確率は $1-(1-p)^k$ である

ということである．N 人からは N/k の血液サンプルが作れるから，（確率変数）T が N 人に対して必要な検査の総数であれば，T の平均値は

$$
\begin{aligned}
E(T) &= \frac{N}{k}\{(1-p)^k + (k+1)[1-(1-p)^k]\} \\
&= \frac{N}{k}\{(1-p)^k + k + 1 - k(1-p)^k - (1-p)^k\} \\
&= \frac{N}{k}\{k + 1 - k(1-p)^k\}
\end{aligned}
$$

つまり，

$$E(T) = N\left\{1 + \frac{1}{k} - (1-p)^k\right\}$$

となる．

$E(T)$ を極小にする k を求めるために，次に方程式 $dE(T)/dk = 0$ を解く．これは k が連続変数のときに有効な計算だが，もちろん k は連続変数ではない．しかし，異議は何より純粋主義者的なものなので，ともかく計算を実行してしまおう．

$$(1-p)^k = e^{\log\{(1-p)^k\}} = e^{k\log(1-p)}$$

であるから，

$$\frac{dE(T)}{dk} = N\left\{-\frac{1}{k^2} - \log(1-p)e^{k\log(1-p)}\right\} = 0,$$

つまり

$$(1-p)^k \log(1-p) = -\frac{1}{k^2}$$

となる．

$p \ll 1$ の場合（第 2 次世界大戦までの時期，梅毒に対する p の典型的な値は 0.001 から 0.01 くらいなもの），このシミュレーションに対して有効な近似

$$(1-p)^k \approx 1 - kp$$

と

$$\log(1-p) \approx -p$$

を使うことができる．だから，

$$-(1-kp)p = -\frac{1}{k^2}$$

つまり

$$p - p^2 k = \frac{1}{k^2}$$

となる．今度は，$p \ll 1$ だから $p^2 \lll 1$ であるので $p^2 k$ の項を落とすことができる．これから最初の問題の答

$$k = \frac{1}{\sqrt{p}}$$

が得られる．たとえば，$p = 0.01$ であれば $k = 10$ であるし，$p = 0.001$ であれば $k = 32$ である．

2 つ目の問題に答えるために，$k = 1/\sqrt{p}$ を $E(T)$ に対する式に代入すると，

$$E(T) = N\{1 + \sqrt{p} - (1-p)^{1/\sqrt{p}}\}$$

が得られ，近似

$$(1-p)^{1/\sqrt{p}} \approx 1 - p\frac{1}{\sqrt{p}} = 1 - \sqrt{p}$$

を使うと，

$$E(T) = N\{1 + \sqrt{p} - 1 + \sqrt{p}\} = 2N\sqrt{p}$$

となる．だから $p = 0.01$ ならば $E(T) = 0.2N = N/5$ であり，$p = 0.001$ であれば $E(T) = 0.063N = N/16$ である．これは，必要な検査数の劇的な減少である．

第16章 大きな商　第2

16.1　問題

第5章を簡単に要約しておく．0から1までの区間から一様に N 個の数をとり，最大のものを最小のもので割り，結果が k（$k \geq 1$ とする）より大きい確率を求める．これは元の第5章の問題よりもかなり難しい問題である．第5章では $N = 2$ という特殊な場合に詳しく取り扱った．理論的には，前にやったようにして，今度は N 次元立方体を考え，その立方体の問題に対応する部分の体積を求めるというようにすることができる（第5章では「立方体」は2次元の正方形で，対応する部分が図5.2.1の影のついた三角形である）．N 次元で視覚化するのはかなり難しいが，その代わりにここでは純粋に解析的なアプローチをとる．これは本書では長い方の解析の1つになるが，数学の力がもっとも印象に残る説明になるだろう．

16.2　理論的解析

計算したいのは，$k \geq 1$ に対して

$$\text{Prob}\left\{\frac{\max\{X_i\}}{\min\{X_i\}} > k\right\}, \quad k \geq 1$$

である．ここで，指数 i は1から N まで動き，X_i は独立な，0から1までに一様に分布する確率変数である．確率変数 $U = \min_i\{X_i\}$ と $V = \max_i\{X_i\}$

を定義し，$k \geq 1$ に対して

$$\mathrm{Prob}\left\{\frac{V}{U} > k\right\}$$

を問うことによって，これを 2 次元の問題に帰着させることができる．こうして帰着させると，すぐにわかることだが，かなりの代償を払うことになる．しかしその代償は，まさに大学程度の数学で支払うことのできるものなのである．

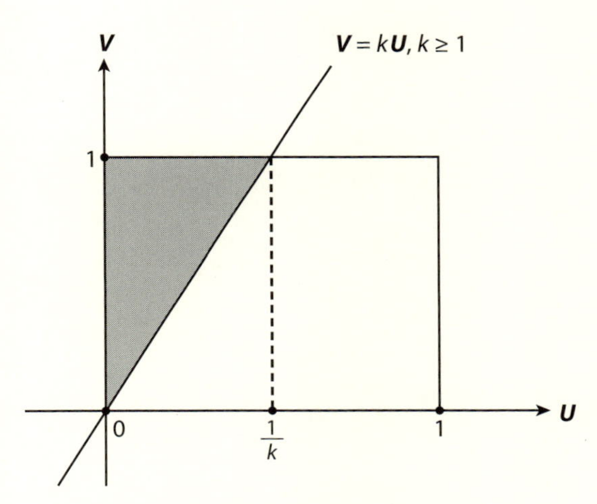

図 16.2.1 影の領域の確率は $\mathrm{Prob}(V > kU)$ である．

図 16.2.1 にはまた，図 5.2.1 に似た，V を縦軸，U を横軸という 2 つの軸を持つ座標系を描いた．明らかに，U と V の両方とも値を 0 から 1 までの区間にとっている．影の領域は（第 1 象限における）単位正方形の $V \geq kU$ である部分を表しているが，今度はその領域に関係した**確率**は（第 5 章でそうだったように）面積それ自身ではない．それは V も U も 0 から 1 までに一様に分布しているわけではないからであり，ここがもっとも重要な点である．V と U の両方ともが一様でないことを示すのは難しくはなく，後のこの解析で使うことになる議論に含まれるような証明に進んでいくときに役に立つだろう．

次のように定義される V の分布関数

$$F_V(v) = \mathrm{Prob}(V \leq v) = \mathrm{Prob}(\max\{X_i\} \leq v)$$

を考えることから始めることにしよう．さて，最大の X_i で $X_i \leq v$ であるなら，他のどの X_i でも $X_i \leq v$ となっているので

$$F_V(v) = \text{Prob}(X_1 \leq v, X_2 \leq v, \ldots, X_N \leq v)$$

となっており，X_i が独立なので，

$$F_V(v) = \text{Prob}(X_1 \leq v)\text{Prob}(X_2 \leq v) \cdots \text{Prob}(X_N \leq v)$$

となる．

つまり，V に対する分布関数は個別の X_i それぞれに対する分布関数の積となる．各 X_i は**同じように**（0から1までで無作為で一様に）分布しているので，X_i はすべて同じ分布関数を持つ．したがって，各 X_i に対する分布関数を

$$\text{Prob}(X \leq v) = F_X(v)$$

と書けば，

$$F_V(v) = F_X^N(v)$$

となる．いいだろう，だが $F_X(v)$ は何なのだろう？　X が0から1までで一様だから，

$$\text{Prob}(X \leq v) = \text{Prob}(0 \leq X \leq v) = v$$

は線形関数である．こうして，一様な確率変数の分布関数は線形である．しかし，v に関して線形でない

$$F_V(v) = v^N$$

を示したばかりである．こうして，確率変数 $V = \max\{X_i\}$ の分布は一様ではない．

$U = \min\{X_i\}$ の分布も一様でないことを示すにはもう少し手の込んだ解析をしなければならない．U の分布関数を

$$F_U(u) = \text{Prob}(U \leq u) = \text{Prob}(\min\{X_i\} \leq u)$$

と書くことから始める．今度は新しいトリックがないといけない．なぜなら，最大関数のときにやった最初の議論のように，最小の X_i に対して $X_i \leq u$ で

あるなら，すべての i に対して $X_i \le u$ となる，という議論ができないからである．しかし

$$\begin{aligned}\text{Prob}(\min\{X_i\} > u) &= \text{Prob}(\text{すべての } i \text{ に対して } X_i > u) \\ &= \text{Prob}(X_1 > u)\text{Prob}(X_2 > u) \cdots \text{Prob}(X_N > u)\end{aligned}$$

と書くことはできる．なぜなら，最小の X_i が $X_i > u$ であれば，他のすべての X_i は少なくともその大きさがあるからである．今度は

$$\text{Prob}(\min\{X_i\} > u) = 1 - \text{Prob}(\min\{X_i\} \le u) = 1 - F_U(u)$$

となるので，

$$1 - F_U(u) = [1 - \text{Prob}(X_1 \le u)][1 - \text{Prob}(X_2 \le u)] \cdots [1 - \text{Prob}(X_N \le u)]$$

つまり，

$$1 - F_U(u) = [1 - F_{X_1}(u)][1 - F_{X_2}(u)] \cdots [1 - F_{X_N}(u)]$$

となり，また，各 X_i の分布関数が同じであるから，

$$F_U(u) = 1 - [1 - F_X(u)]^N$$

となる．$F_X(u) = u$ であるから，U の分布は

$$F_U(u) = 1 - [1 - u]^N$$

となり，u について線形にはなりようがない．こうして，確率変数 $U = \min\{X_i\}$ の分布は一様ではない．つまり，前に言ったように，図 16.2.1 の影の領域の面積の値は事象 $V > kU$ の確率の値と等しくはなり得ない．確率を計算するのには少しだけ込み入ったことが必要になる．

V の確率密度関数 $f_V(v)$ は

$$\text{Prob}(V \le v) = \int_{-\infty}^{v} f_V(z)\, dz = F_V(v)$$

を満たす関数であり，ここで z は単に積分するための変数である．つまり，分布は密度の積分である．同じように，U の確率密度関数 $f_U(u)$ は

$$\text{Prob}(U \le u) = \int_{-\infty}^{u} f_U(z)\, dz = F_U(u)$$

を満たす．この2つの式の両辺を微分すると，

$$f_V(v) = \frac{d}{dv}F_V(v) \quad \text{かつ} \quad f_U(u) = \frac{d}{du}F_U(u)$$

となる．つまり，確率変数の密度は分布の導関数である．(必ずしも0から1までで一様であるとは限らない）任意の密度を持つ同じ分布の X_i という一般の場合に，最大値と最小値の関数の密度は

$$f_V(v) = NF_X^{N-1}(v)f_X(v) \quad \text{と} \quad f_U(u) = N[1 - F_X(u)]^{N-1}f_X(u)$$

になる．本書の後の第19章でまた，U と V に対する分布と密度関数を使うので，これらの計算は，今の問題で受け取る以上の報酬と思うことができる．

ここでしているように，2つの確率変数を含む問題のときに，**同時確率密度**と呼ばれるものを定義することができる．これを $f_{U,V}(u,v)$ と書くが，第14章を思い出してほしい．区間の上で密度関数を積分すると，値がその区間にあるような確率変数を持つ確率が得られるのと同じように，領域の上で同時密度関数を積分すると，2つの確率変数がその領域の点を示すような値を持つような確率が得られる．もう一度第14章を思い出してほしい．だから，求めている確率 $\text{Prob}(V > kU)$ は U と V の同時密度関数を図16.2.1の影の領域の上で積分したものになる．つまり，

$$\text{Prob}(V > kU) = \int_0^1 \int_0^{v/k} f_{U,V}(u,v)\,dudv$$

となる．ここで，内側の u の積分は**水平な**帯（U 軸から上への距離 v）に沿ってのもので，外側の v の積分は水平の帯を $v = 0$ から $v = 1$ まで上に動かして行う．つまり，上の2重積分は影の領域を**垂直に走査**していく．それから次にすべきことは，積分を実行できるように，U と V の同時密度関数を求めることである．

U と V は独立であれば同時密度は単に個々の密度関数の積になる．これが第14章で行うことができたことだったことを思い出してほしい．しかし，この問題での U と V は独立ではない．結局は，私が U が何かを言えば，あなたはすぐに V がそれより大きいことがわかるし，また，私が V が何かを言えば，あなたはすぐに U がそれより小さいことがわかるのである．つまり，U か V かの知識から相手のことがわかり，

$$f_{U,V}(u,v) \neq f_U(u)f_V(v)$$

であることがわかる．いいだろう，これはできないことである．では何ができるのだろう？

2つの確率変数をいっしょに考えることにすると，その同時密度関数 $F_{U,V}(u,v)$ を

$$F_{U,V}(u,v) = \text{Prob}(U \leq u, V \leq v) = \int_{-\infty}^{u}\int_{-\infty}^{v} f_{U,V}(z_1,z_2)\,dz_1 dz_2$$

と定義でき，分布を微分することで密度が得られるというアイデアを拡張し，同時密度関数 $f_{U,V}(u,v)$ が2重微分

$$f_{U,V}(u,v) = \frac{\partial^2}{\partial u \partial v} F_{U,V}(u,v)$$

によって得られる．次にする必要があるのは U と V の同時分布を求め，同時密度関数を得るためにそれを2度偏微分して，それからその密度を図16.2.1の影の領域の上で積分することである．これは大変なことをするように見えるが，これから示すように，実際にはそれほど難しいことではない．

$F_{U,V}(u,v)$ を求めるためは，$u \geq v$ と $u < v$ という2つの場合を考える．最初の場合では，最小の X_i 上の上界 u は最大の X_i 上の上界よりも大きく，だからもちろん，u は実際には何の役割も果たさない．結局，最大の X_i が v より大きくなり得ないなら，すべての i に対して $X_i \leq v$ となることがわかるので，$u \geq v$ のときは

$$\begin{aligned}
F_{U,V}(u,v) &= \text{Prob}(X_1 \leq v, X_2 \leq v, \ldots, X_N \leq v) \\
&= \text{Prob}(X_1 \leq v)\text{Prob}(X_2 \leq v)\cdots\text{Prob}(X_N \leq v) \\
&= F_X^N(v)
\end{aligned}$$

となる．$u \geq v$ のときは，$F_{U,V}(u,v)$ は u に依存しないのだから，

$$f_{U,V}(u,v) = 0 \quad (u \geq v)$$

となる．

第2の $u < v$ である場合は，最小の上の上界は最大の上の上界よりも小さい．もちろん，すべての i に対して $X_i \leq v$ であるが，少なくとも1つの i に対しては $X_i \leq u$ となっている．このことは，すべての X_i が u から v までの

区間にあるということができないことを意味している．つまり，$u < v$ に対しては

$$F_{U,V}(u,v) = \mathrm{Prob}(\text{すべての } i \text{ に対し } X_i \le v) - \mathrm{Prob}(\text{すべての } i \text{ に対し } u < X_i \le v)$$

となる．右辺の最初の確率は

$$\mathrm{Prob}(\text{すべての } i \text{ に対し } X_i \le v) = \mathrm{Prob}(X_1 \le v)\mathrm{Prob}(X_2 \le v)\cdots\mathrm{Prob}(X_N \le v) = F_X^N(v)$$

であり，第 2 の確率は

$$\begin{aligned}&\mathrm{Prob}(\text{すべての } i \text{ に対し } u < X_i \le v)\\&= \mathrm{Prob}(u < X_1 \le v)\mathrm{Prob}(u < X_2 \le v)\cdots\mathrm{Prob}(u < X_N \le v)\\&= [F_X(v) - F_X(u)]^N\end{aligned}$$

である．こうして，

$$F_{U,V}(u,v) = F_X^N(v) - [F_X(v) - F_X(u)]^N \quad (u < v)$$

となる．最初に v に関して微分すると，

$$\frac{\partial}{\partial v}F_{U,V}(u,v) = NF_X^{N-1}(v)f_X(v) - N[F_X(v) - F_X(u)]^{N-1}f_X(v)$$

となり，それから u に関して微分すると，$u < v$ に対して

$$\begin{aligned}\frac{\partial^2}{\partial u \partial v}F_{U,V}(u,v) &= f_{U,V}(u,v)\\&= N(N-1)[F_X(v) - F_X(u)]^{N-2}f_X(u)f_X(v)\end{aligned}$$

となるが，これは前に主張したように，

$$f_U(u)f_V(v) = \{N[1 - F_X(u)]^{N-1}f_X(u)\}\{NF_X^{N-1}(v)f_X(v)\}$$

とは等しくない．

この問題で X_i はすべて 0 から 1 までで一様だから,

$$f_X(v) = \begin{cases} 1 & (0 \leq v \leq 1) \\ 0 & (\text{その他}) \end{cases} \qquad f_X(u) = \begin{cases} 1 & (0 \leq u \leq 1) \\ 0 & (\text{その他}) \end{cases}$$

$$F_X(v) = \begin{cases} v & (0 \leq v \leq 1) \\ 0 & (v < 0) \\ 1 & (v > 1) \end{cases} \qquad F_X(u) = \begin{cases} u & (0 \leq u \leq 1) \\ 0 & (u < 0) \\ 1 & (u > 1) \end{cases}$$

である．戻って図 16.2.1 を見れば，積分領域である影の領域ではすべて $u < v$ となっているので，関係する分布と密度に対する上の表示を使えば

$$f_{U,V}(u,v) = N(N-1)(v-u)^{N-2}$$

となる．こうして問題に対する形式的な答えは確率積分

$$\text{Prob}(V > kU) = N(N-1)\int_0^1 \int_0^{v/k} (v-u)^{N-2}\, dudv$$

となる．

$N = 2$（第 5 章では幾何平均によって解いた問題）であれば，この積分は

$$2\int_0^1 \int_0^{v/k} dudv = 2\int_0^1 [u]_0^{v/k}\, dv = 2\int_0^1 \frac{v}{k}\, dv$$
$$= \frac{2}{k}\left[\frac{1}{2}v^2\right]_0^1 = \frac{2}{k}\cdot\frac{1}{2} = \frac{1}{k}$$

となって，前に求めたのとまったく同じになる．

16.3 コンピュータ・シミュレーション

第 5 章の終わりで（コード **ratio2.m** を使って）シミュレーションだけができた $N = 3$ の場合には，確率積分は

$$6\int_0^1 \int_0^{v/k} (v-u)\,dudv = 6\int_0^1 \left[vu - \frac{1}{2}u^2\right]_0^{v/k} dv$$
$$= 6\int_0^1 \left(\frac{v^2}{k} - \frac{v^2}{2k^2}\right) dv$$
$$= 6\left[\frac{v^3}{3k} - \frac{v^3}{6k^2}\right]_0^1 = \frac{2}{k} - \frac{1}{k^2}$$

となる．$N = 3$ の場合に表 5.3.2 で使った k を代入すると，**ratio2.m** によるシミュレーションの値とこの理論値の間にかなり良い一致があることがわかる．

今や，$N = 4$ の場合に **ratio2.m** を修正すると同様に，確率積分の値を求め，また理論と実験とを比較することができるはずである．やってみてほしい！　やる気満々であるなら，実際にはそれほど難しくはないので，一般に積分をして

$$\mathrm{Prob}(V > kU) = 1 - \left(1 - \frac{1}{k}\right)^{N-1}$$

を示してみるとよい．この結果から，次の問題に答えることができる．確率を P として，最大値の最小値に対する比が k より大きくなるようにするには，いくつの数（すべて独立で，無作為に 0 から 1 までで一様に選ばれる）をとらねばならないか？

$$P = 1 - \left(1 - \frac{1}{k}\right)^{N-1},$$

つまり

$$\left(1 - \frac{1}{k}\right)^{N-1} = 1 - P$$

となるので，両辺の対数をとって，N に関して解けば

$$N = \frac{\log(1-P)}{\log(1-\frac{1}{k})} + 1$$

となる．たとえば，$k = 4$ で $P = 0.9$ であるなら

$$N = \frac{\log(0.1)}{\log(0.75)} + 1 = 9.004$$

となるので，$N = 10$ である．

第17章 検査を受けるべきか，受けざるべきか

17.1　問題

今の時代には，新しく素晴らしい進歩が，テレビを消して次につけるまでの間にも起こるように見える．このことは特に医学の分野で顕著である．人体を悩ませるあらゆる病気に対して治療法があるように見える．疣（いぼ）やドライアイから勃起不全まで，尿失禁から喘息まで，腸の病気から……そう，あなた方はメッセージや考えを受け取っている．製薬会社は何十億ドルも使ってあなた方に伝えている．「医者に行きなさい」，そして地元の薬局に行って得られる最新の錠剤，絆創膏，注射薬，吸入器，ドロップのことを訊きなさい．

われわれはまた，女性のためのマンモグラフィー（乳癌）から男性のための PSA 血液検査（前立腺癌），さらにあらゆる人のための結腸ファイバースコープ，血糖値，腹部エコー，胸部 X 線（それぞれ結腸癌，糖尿病，大動脈瘤，肺癌を発見するため）のようなあらゆる種類の危険なことに対する定期的な診断検査を受けるように言われている．これらの検査はほとんど確実に「あなたのためになる」のではあるけれど，そのような検査には潜在的に深刻な事態がともなうのである．悲しいかな，単に完璧ではないということである．つまり，どんな診断検査にも 2 つのまったく異なる統計的な誤りがついてくるのである．偽陽性な誤りと偽陰性な誤りである．

偽陽性な誤りは，あなたが検査した疾患を持っていると言っているけど，実際にはそうでないときに起こるものである．その場合の通常の結果は，（少なくとも最初は）愚かにも怖がることになるが，後になって（もっと広範で通常もっと高価な）検査をすることによってあなたが実際には大丈夫であることがわかるというものである．偽陰性な誤りは，あなたには検査した疾患はないと言っているけど，実際には疾患があるときに起こるものである．これは潜在的には偽陽性な結果よりはるかに深刻な成り行きになる．なぜなら，あなたは安全だという感覚でなだめられて，それ以上何の行動もとる気にならないが，その後 1 月かもっと後になって，ことによると，突然に急死することになる．1 日分が 10 セントの錠剤を飲めばさらに 50 年生きられたかもしれないと考えれば，大いに悲しいことである！

この恐ろしい考察を思えば，新しい診断検査のどんな医学的な実験でも，その検査の統計的な挙動を定めるのが重要な目的であるのがなぜかを理解することができるだろう．たとえば，疾患の本当の名前は怖くて小声のささやきでしか言えないような，恐ろしい疾患に対する新しく開発された検査を受ける決心をしたと仮定しよう．疾患を恐ろし病とでも言っておこう．1 万人のうち 1 人だけが恐ろし病に罹(かか)っていると評価されているが，罹れば 0.99 の確率で死亡するか，確率 0.01 で殺してほしいと思わせるかであるので，あなたはとても心配になるだろう．さて，明らかに，恐ろし病に罹っているか罹っていないかであるが，それらをそれぞれ A と $\overline{A}$ と表す．検査を受けたときには，同じように明らかに，検査によって恐ろし病に罹っているか罹っていないかとなるが，それらをそれぞれ T と $\overline{T}$ と表す．

検査を受けたときの偽陽性の確率は，条件付き確率の言葉で $P(T|\overline{A})$ と書かれ,「実際には恐ろし病に罹っていないが検査では罹っていると出る確率」と読まれる（「条件」の部分は常に縦棒の右に書かれる）．検査を受けたときの偽陰性の確率は $P(\overline{T}|A)$ と書かれ,「実際には恐ろし病に罹っているが検査では罹っていないと出る確率」と読まれる．

恐ろし病に罹っているか罹っていないかが知られている人のグループを使った広範な実験によって

$$P(T|A) = 0.95 \quad \text{と} \quad P(\overline{T}|\overline{A}) = 0.95$$

であると決定されたとする．この 2 つの結果は，それ自体，偽陽性と偽陰性の確率を含んでいる．というのは

$$P(T|A) + P(\overline{T}|A) = 1 \quad \text{と} \quad P(T|\overline{A}) + P(\overline{T}|\overline{A}) = 1$$

と書くことができるからである．この2つの等式のそれぞれで，条件の部分は固定されていて，それからあるゆる2つの検査結果の条件付き確率を足している．それぞれの場合にその和は1でなければならないのは，「条件が固定されたとき」検査は**何かしら**の結果を出すからである．だから，

$$P(\overline{T}|A) = 1 - P(T|A) = 0.05 \quad \text{（偽陰性の確率）}$$

と

$$P(T|\overline{A}) = 1 - P(\overline{T}|\overline{A}) = 0.05 \quad \text{（偽陽性の確率）}$$

が成り立つ．

ほとんどの人にとって，これらはあまり印象的な数ではないように見えるだろう．どちらの誤りの場合でも確率が0であるのが最善だが，0.05なら小さく見える．しかし，0.05は十分に小さいのだろうか？　その問題に答える方法は，あなたが自分自身に，検査結果を知らされたらどうするだろうかと問うことである．検査であなたが恐ろし病に罹っているとされたとする．しかし，あなたは恐ろし病なのだろうか？　また，検査では恐ろし病に罹っていないとなったとする．それは正しいのだろうか？　最初の場合，あなたがしたいことは，$P(A|T)$ を，つまり，検査で恐ろし病に罹っているとなったときに，恐ろし病である条件付き確率を計算することである．そして，2つ目の場合にあなたがしたいことは，$P(\overline{A}|\overline{T})$，つまり，検査で恐ろし病に罹っていないとなったときに恐ろし病でない条件付き確率を計算することである．私の個人的経験では，多くの家庭医はそのような計算の仕方を知らないことも多いし，さらにはそのような計算が可能であることも知らない．じゃあ，恐ろし病に対するこれらの条件付き確率とは何なのだろうか？

17.2　理論的解析

条件付き確率の理論から，その基本的定義は

$$P(A|T) = \frac{P(AT)}{P(T)}$$

である．数学のほとんどの定義と同じように，これは単に空中からつかみ出してきたものではなく，むしろ特定の特別な場合が動機になっている．N 個

の異なる**同等に確からしい**標本点を持つ有限の標本空間を考える．この N 個の点のうち，n_A が A に関係したもの，n_T が T に関係したもの，n_{AT} が A と T に共通なものである．そのとき，定義から直ちに

$$P(T) = \frac{n_T}{N}, \quad P(AT) = \frac{n_{AT}}{N}, \quad P(A|T) = \frac{n_{AT}}{n_T}$$

がわかる．まったく同じように

$$P(T|A) = \frac{P(AT)}{P(A)}$$

であり，これから

$$P(AT) = P(T|A)P(A)$$

であることと，それから

$$P(A|T) = \frac{P(T|A)P(A)}{P(T)}$$

であることがわかる．全確率の定理から

$$P(T) = P(T|A)P(A) + P(T|\overline{A})P(\overline{A})$$

であることがわかり [1]，

$$P(A|T) = \frac{P(T|A)P(A)}{P(T|A)P(A) + P(T|\overline{A})P(\overline{A})}$$

となる．右辺のすべての確率がわかっているので（1万人に1人が恐ろし病に罹るというのは $P(A) = 0.0001$ ということで，だから $P(\overline{A}) = 0.9999$ である），

$$\begin{aligned} P(A|T) &= \frac{(0.95)(0.0001)}{(0.95)(0.0001) + (0.95)(0.9999)} = \frac{0.95}{(0.95) + (0.95)(9999)} \\ &= \frac{0.95}{(0.95) + (499.95)} = 1.9 \times 10^{-3} \end{aligned}$$

[1]［原註］この結果は右辺を

$$\frac{P(AT)}{P(A)}P(A) + \frac{P(\overline{A}T)}{P(\overline{A})}P(\overline{A}) = P(AT) + P(\overline{A}T)$$

のように書けば自明である．これは T が起きて A が起きる確率に，T が起きて A が起きない確率を足したものである．つまり，和は単に T が起き，A が起きるか起きないかは気にしないという確率である．しかし，それはまさに $P(T)$ である．

となる．この結果は，疑いもなく，あらゆる人を驚かせるだろう．検査で恐ろし病だと言われたとしたら，検査はほとんど確実に間違っているということである！

これは実行する価値のある重要な計算である．なぜなら，あなたを安心させるだけでなく——**神様ありがとう，私は（たぶんきっと）死んでいくわけではないのですね！**——計算が研究者に言っているのはテストを改善しなければいけないということなのである．$P(A|T)$ が小さいのは，分母の $P(T|\overline{A})P(\overline{A})$ の項が大きいからである．$P(\overline{A})$ の因子についてはできることは何もない．たとえそれについて何かができたとしても，することが多く残されてはいない．それはすでに実際上 1 であり，それが 1 だったら（これが恐ろし病患者が誰もいないということ），何よりもテストの必要がなくなるということである．むしろ，大きく低減させる必要があるのは $P(T|\overline{A}) = 1 - P(\overline{T}|\overline{A})$ の因子である．言い換えれば，最初はとても良いように思えた $P(\overline{T}|\overline{A}) = 0.95$ というは，実際にはとても良いとは言えず，低減させねばならなかったのである．たとえば，もし $P(\overline{T}|\overline{A}) = 0.9999$ とできたと仮定しよう．**それなら**きっとうまくいくだろう！　そうなればどうなるかを見てみよう．

$P(\overline{T}|\overline{A})$ のこの新しい値に対しては $P(T|\overline{A}) = 0.0001$ となるので，

$$
\begin{aligned}
P(A|T) &= \frac{(0.95)(0.0001)}{(0.95)(0.0001) + (0.0001)(0.9999)} = \frac{0.95}{(0.95) + (0.0001)(9999)} \\
&= \frac{0.95}{(0.95) + (0.9999)} = 0.487
\end{aligned}
$$

となり，大いに改善されてはいるが，検査はまだ正しいというより間違っている方が多い．

いいだろう，推測するのはやめて逆向きのアプローチをしてみよう．$P(A|T) = 0.95$ となるためには $P(\overline{T}|\overline{A})$ はいくつでないといけないか？

$$
P(A|T) = \frac{P(T|A)P(A)}{P(T|A)P(A) + [1 - P(\overline{T}|\overline{A})]P(\overline{A})}
$$

であるから，$P(\overline{T}|\overline{A})$ について解けば

$$\begin{aligned}P(\overline{T}|\overline{A}) &= \frac{P(A|T)P(T|A)P(A) + P(A|T)P(\overline{A}) - P(T|A)P(A)}{P(A|T)P(\overline{A})} \\ &= \frac{(0.95)(0.95)(0.0001) + (0.95)(0.9999) - (0.95)(0.0001)}{(0.95)(0.9999)} \\ &= \frac{0.95 + 9999 - 1}{9999} = \frac{9998.95}{9999} = 0.999995\end{aligned}$$

となる．つまり，恐ろし病に罹っていない 100 万人が与えられたときに，検査したら（間違っても）たかだか 5 人が恐ろし病に罹っていることになるのでなければならない．

最後に $P(\overline{A}|\overline{T})$ の計算をする．$P(A|T)$ に対して行ったのと同じ種類の解析をすると，

$$\begin{aligned}P(\overline{A}|\overline{T}) &= \frac{P(\overline{T}|\overline{A})P(A)}{P(\overline{T}|A)P(A) + P(\overline{T}|\overline{A})P(\overline{A})} \\ &= \frac{(0.95)(0.9999)}{(0.05)(0.0001) + (0.95)(0.9999)} \\ &= \frac{(0.95)(9999)}{(0.05) + (0.95)(9999)} = \frac{9499.95}{9499.1} = 0.999995\end{aligned}$$

が導かれる．つまり，これなら，検査で恐ろし病でないと言われたなら，検査は非常に良い検査となる．だから，診断検査に関する最低線はこうなる．知らせが悪ければ必ず追跡検査をするべきだが（どちらにしてもたぶん大丈夫だろうけど），知らせが良ければ（ほとんど確実に）大丈夫であるというものである．

歴史的な註

この種の確率解析はこのような計算を始めたイギリスの牧師トーマス・ベイズ [1701–1761] にちなんで**ベイズ解析**と呼ばれる．彼の論文は死後の 1764 年に *Philosophical Transactions of the Royal Society of London*（『ロンドン王立協会哲学紀要』）という雑誌に掲載された．ベイズ解析は長年，いくつかの不幸な応用によって不当な扱いを受けてきた．これらの誤用でもっともよく知られているのはおそらく，太陽が明日昇る確率についてのラプラスの悪名高い計算だろう．

1744 年から，フランスの数学者ピエール–シモン・ラプラス (1749–1827) は彼の「継続の法則」として知られるものについて，以下の問題に答えるものを書き始めた.「繰り返し可能な確率の実験における事象が n 回続けて起きることが観測されたならば，その直後の実験でもその事象が起こる確率はいくつか？」実験はコイン投げかもしれないし，ラプラスの間違った例である日の出かもしれない．ラプラスの解析における彼の出発点は「まったくの無知」という仮定であった．それはコイン投げの例では表が出る確率に対する可能なすべての値が同じように確からしい（0 から 1 まで一様に）という意味であった．この解析には歴史的な価値があるので，ラプラスの結果から玉と壺で導かれるものを示してみよう．

それぞれに N 個の玉が入った $N+1$ 個の壺があるとしよう．壺には 0 から N までの番号がついており，k 番の壺には k 個の黒球と $N-k$ 個の白玉が入っている（0 番の壺はすべて白玉で，N 番の壺はすべて黒玉である）．さて，無作為に壺を選び，そこから続けて n 個の玉を取り出し，その都度，玉の色を確認し元に戻す．取り出した n 個の玉がすべて黒かったならば，次に取り出した玉もまた黒い確率はいくつだろうか？　これは明らかに**条件付き**確率である．A が「n 個の黒玉を n 回とる」という事象で，B が「次にとるのが黒玉である」事象とするなら，欲しいのは $P(B|A)$ ということになる．最初に黒玉と白玉のすべての組合せを表わす壺から 1 つの壺を（無作為に）選ぶということは，この問題がラプラスの「まったくの無知」という仮定のモデルになっている．

最初に k 番の壺を選んだということなら，n 回続けて黒玉を選ぶ（事象 A の）確率は

$$P(A|U_k) = \left(\frac{k}{N}\right)^n$$

である．ここで，U_k は「k 番の壺が選ばれる」という事象である．全確率の定理から

$$P(A) = \sum_{k=0}^{N} P(A|U_k)P(U_k)$$

と書くことができ，$P(U_k) = 1/(N+1)$ だから，

$$P(A) = \frac{1}{N+1}\sum_{k=0}^{N}\left(\frac{k}{N}\right)^n = \frac{1^n + 2^n + 3^n + \cdots + N^n}{(N+1)N^n}$$

となる．

AB は「n 個の黒玉を n 回とり，次に（つまり $n+1$ 回目に）も黒玉をとる」という結合事象であり，$n+1$ 回で $n+1$ 個の黒玉をとるということになる．$P(A)$ に対する上の結果から，$P(AB)$ は n を $n+1$ で置き換えるだけなので，

$$P(AB) = \frac{1^{n+1} + 2^{n+1} + 3^{n+1} + \cdots + N^{n+1}}{(N+1)N^{n+1}}$$

となる．また，$n+1$ 回続けて黒玉をとったならば（事象 B），事象 A（n 回続けて黒玉がとられる）もまた起こっているので，$P(AB) = P(B)$ であることに注意する．

こうして，問題としている（条件付き）確率 $P(B|A)$ は

$$\begin{aligned} P(B|A) &= \frac{P(AB)}{P(A)} = \frac{P(B)}{P(A)} \\ &= \frac{1^{n+1} + 2^{n+1} + 3^{n+1} + \cdots + N^{n+1}}{1^n + 2^n + 3^n + \cdots + N^n} \left(\frac{N^n}{N^{n+1}}\right) \end{aligned}$$

となる．この表示の分母の和は x が 0 から N まで変わるときの x^n の積分で近似され，分子に対しても同じことができる．こうして

$$\begin{aligned} P(B|A) &\approx \left(\frac{1}{N}\right) \frac{\int_0^N x^{n+1}dx}{\int_0^N x^n dx} = \left(\frac{1}{N}\right) \frac{\left[x^{n+2}/(n+2)\right]_0^N}{\left[x^{n+1}/(n+1)\right]_0^N} \\ &= \left(\frac{1}{N}\right)\left(\frac{n+1}{n+2}\right)\left(\frac{N^{n+2}}{N^{n+1}}\right) = \frac{n+1}{n+2} \end{aligned}$$

となる．

この結果の華やかな例証として，ラプラスは壺から黒玉を続けてとることを太陽が続けて昇ることに置き換えた．1814 年の『確率の哲学的試論』の中で彼は「5 千年の昔，言い換えれば 1826213 日前にもっとも古い歴史の時代が始まり，太陽は絶えず 24 時間周期で昇り続けてきたのだから，明日もまた日が昇るのは 1826214 対 1 の賭けになる」と書いている．解析者はそれ以来，「反復可能な確率実験」というアイデアそのものを損なう状況を記述するものとして，ラプラスの言葉をナンセンスと嘲笑（わら）ってきている．毎日起こる事象の背後にあるニュートンの重力の逆 2 乗の法則と天体力学から太陽が昇ることについては，無作為なことは何もない．

ラプラスはその例について真面目に言っていたのだろうか？　何と言っても彼は天才であった．実際，ラプラスは，上に引用した文章のすぐ次の文章（彼の批判者は通常引用しないものだが）で言っているように，この例に欠陥があることは完全にわかっていたのである.「しかしこの数は，**現象の全体の中に日や季節の主要な調節者を認め**（この強調は私がしたこと），現時点でその進行（太陽が昇ること）を抑止し得るものが何もないことがわかっている人にとって，かなり大きいものである.」ラプラスは継続の法則に対する劇的な説明を探していて，単に行き過ぎてしまい，一般にベイズ解析に影を投げかける不幸な結果を伴うまでになったということだろう．本章の前の方での医学的な試験解析における使用法は完全に正しいものである．

第  章

正方形上の平均距離

18.1 問題

本章は本書でもっとも長い解析である（実際に3つの問題に関連している）．目的は，コンピュータ・シミュレーションがはっきりとした役割を持っていることを示すことである．もちろん理論があるのが望ましいが，答が速く必要なときに，しばしば短期的に正気を保ってくれるシミュレーションが望まれることもある．ここでの一般的な問題を述べることは易しい．単位正方形が与えられ，正方形から無作為に2点をとったとき，2点間の平均距離はいくつか？　しかし，このような述べ方では問題がきちんと定義されたわけではない．「正方形から無作為に2点をとる」という言葉の意味の解釈の仕方が少なくとも3通りある．（本章の最後の節にはさらに4つ目の解釈があるが，それについては以前出版した本の中で解説した.）その解釈は次のとおりである（カッコの中の数は答である）．

(a) 1点は1つの辺から，もう1点は隣辺からとる (0.7652).
(b) 1点は1つの辺から，もう1点は対辺からとる (1.0766).
(c) 2点とも境界でも内部でもどこからでもとる (0.5214).

たとえば，共通の正方形の土地を共に縄張りにしている2匹の野生動物の研究をする際には (c) の場合になるかもしれない．これらの解釈にはすべて2つの共通の特徴がある．その理論的な解法は段々と複雑になり，すべて非常に単純なシミュレーションだが，もっとも容易な (a) でもすでに十分挑戦的

な課題である．

18.2　理論的解析

本節で (a) と (b) に対する解析にお連れするが，それが終わったときには，それよりずっと入り組んだ (c) に対する理論は飛ばしたいと少なからず思うようになっているのではないだろうか（その理論も入り口のスケッチはするけれど）．解析的にはこれはおそらく本書で取り組む中でもっとも解決するのがタフな 2 つの問題のうちの 1 つである（もう 1 つは第 16 章のもの）．(a) では隣り合った辺から 2 点をとるのだから，図 18.2.1 に示したように正方形を置き，一方の点を y 軸上から，もう一方の点を x 軸上からとると考えることができる．2 点の間の距離は

$$R = \sqrt{X^2 + Y^2}$$

という確率変数 R の値である．ここで，X と Y は独立な，（それぞれ 0 から 1 までの間に）一様に分布する確率変数である．明らかに R は 0 から $\sqrt{2}$ まで動く．

そこで問題は，

$$E(R) = \int_0^{\sqrt{2}} r f_R(r)\, dr$$

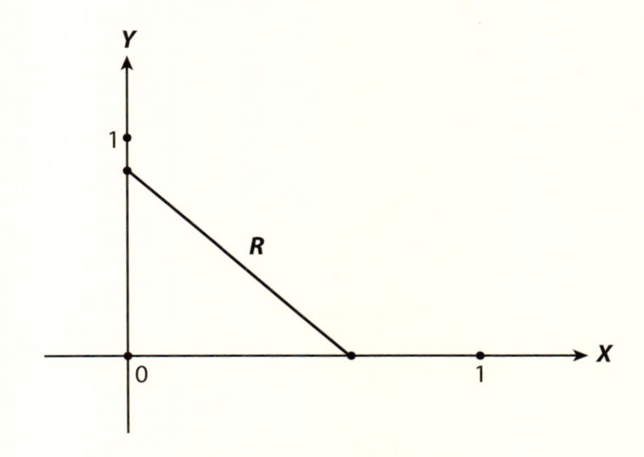

図 18.2.1　単位正方形の隣接する辺を結ぶ無作為な直線

によって与えられる R の平均（または期待値）を計算することになる．ここで，$f_R(r)$ は R の**確率論的密度関数**である．だから，最初の仕事は $f_R(r)$ を計算することで，それはまず確率論的**分布関数** $F_R(r) = \mathrm{Prob}(R \le r) = \int_{-\infty}^{r} f_R(u)\,du$ を求めてから，微分してその密度を求めることである．

まず，次のように書きなおす．

$$F_R(r) = \mathrm{Prob}(\sqrt{X^2+Y^2} \le r) = \mathrm{Prob}(Y^2 \le r^2 - X^2)$$
$$= \mathrm{Prob}(-\sqrt{r^2-X^2} \le Y \le \sqrt{r^2-X^2})$$

この最後の確率は，図 18.2.2 と図 18.2.3 に示したように，$0 \le r \le 1$ と $1 \le r \le \sqrt{2}$ の 2 つの場合を考えねばならない．どちらの場合も，X は 0 から 1 まで一様なので，$Y \le \sqrt{r^2-X^2}$ の確率は $y \le \sqrt{r^2-x^2}$ という，曲線の下側で**単位正方形の中にある**（太字の言葉は図 18.2.3 に示した $1 \le r \le \sqrt{2}$ の場合には極めて重大である）領域の面積である．R の分布関数は

$$F_R(r) = \begin{cases} \displaystyle\int_0^r \sqrt{r^2-x^2}\,dx & (0 \le r \le 1) \\ \displaystyle\sqrt{r^2-1} + \int_{\sqrt{r^2-1}}^{1} \sqrt{r^2-x^2}\,dx & (1 \le r \le \sqrt{2}) \end{cases}$$

となる．

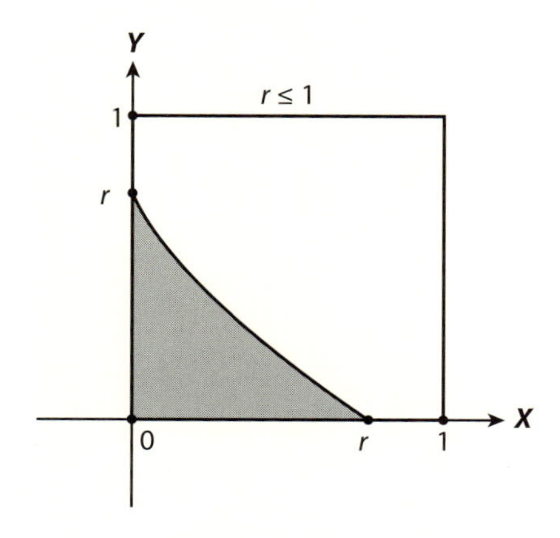

図 **18.2.2**　$0 \le r \le 1$

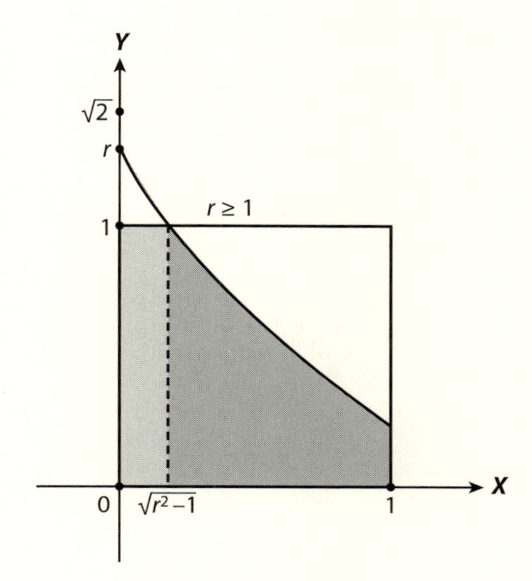

図 18.2.3　$1 \le r \le \sqrt{2}$

積分表から

$$\int \sqrt{r^2 - x^2}\, dx = \frac{x\sqrt{r^2 - x^2}}{2} + \frac{r^2}{2} \sin^{-1}\left(\frac{x}{r}\right)$$

となるので[1]，

$$F_R(r) = \frac{r^2}{2} \sin^{-1}(1) = \frac{\pi r^2}{4} \qquad (0 \le r \le 1)$$

となり，微分すれば，密度関数

$$f_R(r) = \frac{\pi}{2} r \qquad (0 \le r \le 1)$$

が得られる．

---

[1] ［訳註］お手持ちの積分表にないかもしれず，少しだけ微積分を思い出せばできるのにと思われる読者のために，少しだけ説明をしておく．$y = \sin^{-1} x$ とすると $x = \sin y$ で，$\frac{dx}{dy} = \cos y = \sqrt{1 - \sin^2 y} = \sqrt{1 - x^2}$ となるので，逆関数の微分公式により，$\frac{dy}{dx} = 1/\frac{dx}{dy} = 1/\sqrt{1 - x^2}$ となる．また，一般に $\frac{dx^a}{dx} = ax^{a-1}$ であったので，$a = 1/2$ の場合を使えば，$\frac{d(x\sqrt{r^2 - x^2})}{dx} = \sqrt{r^2 - x^2} + x\frac{-2x}{2\sqrt{r^2 - x^2}} = \sqrt{r^2 - x^2} - \frac{x^2}{\sqrt{r^2 - x^2}}$ となる．これに，$r^2 \frac{d}{dx} \sin^{-1} \frac{x}{r} = r^2 \cdot \frac{1}{r} \frac{1}{\sqrt{1 - x^2/r^2}} = \frac{r^2}{\sqrt{r^2 - x^2}}$ を足せば $\sqrt{r^2 - x^2} + \frac{r^2 - x^2}{\sqrt{r^2 - x^2}} = 2\sqrt{r^2 - x^2}$ となる．

$1 \le r \le \sqrt{2}$ の場合には

$$F_R(r) = \sqrt{r^2-1} + \left[\frac{\sqrt{r^2-1}}{2} + \frac{r^2}{2}\sin^{-1}\left(\frac{1}{r}\right) - \frac{\sqrt{r^2-1}}{2} - \frac{r^2}{2}\sin^{-1}\left(\frac{\sqrt{r^2-1}}{r}\right)\right]$$

つまり

$$F_R(r) = \sqrt{r^2-1} + \frac{r^2}{2}\left[\sin^{-1}\left(\frac{1}{r}\right) - \sin^{-1}\left(\frac{\sqrt{r^2-1}}{r}\right)\right] \qquad (1 \le r \le \sqrt{2})$$

となる．

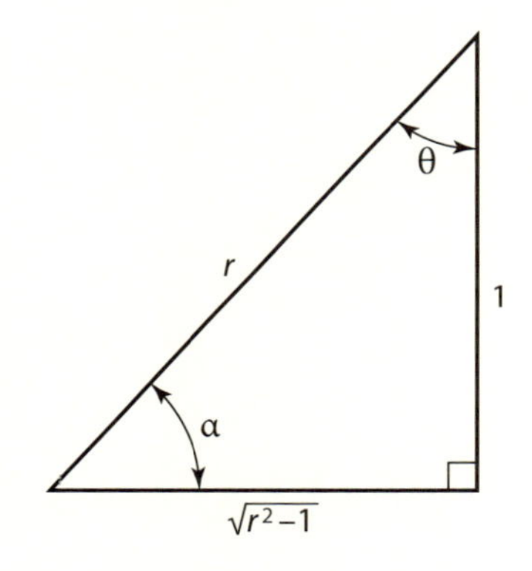

図 18.2.4　直角三角形の幾何

この結果はゴタゴタしているように見えるが，簡単な考察により，とても簡単になる．図 18.2.4 を見ると，カッコの中の最初の項はそのサインが $1/r$ になる角（つまり図では角 α）であり，カッコの中の 2 つ目の項はそのサインが $\sqrt{r^2-1}/r$ になる角（つまり図では角 θ）である．$\alpha+\theta = 2\pi/2$ だから，$\alpha-\theta=\beta$ と呼ぶことにすれば，$\beta = 2\alpha - \pi/2$ となるので，

$$F_R(r) = \sqrt{r^2-1} + \frac{r^2}{2}\left[2\sin^{-1}\left(\frac{1}{r}\right) - \frac{\pi}{2}\right] \qquad (1 \le r \le \sqrt{2})$$

となる．微分すれば（少し代数計算もすると）密度関数

$$f_R(r) = r\left[2\sin^{-1}\left(\frac{1}{r}\right) - \frac{\pi}{2}\right]$$

が得られ，最終的に

$$f_R(r) = r\left[2\csc^{-1}(r) - \frac{\pi}{2}\right] \qquad (1 \le r \le \sqrt{2})$$

となる [2)].

今や，2 つの区間 $0 \le r \le 1$ と $1 \le r \le \sqrt{2}$ に対する密度関数が得られたので，期待値積分

$$E(R) = \int_0^1 r\frac{\pi}{2}r\,dr + \left[-\int_1^{\sqrt{2}} r\frac{\pi}{2}r\,dr + 2\int_1^{\sqrt{2}} r^2\csc^{-1}(r)\,dr\right]$$

が計算できるようになった．最初の 2 つの積分は易しいが，3 つ目の積分は積分表から見つけることができて，

$$\int x^2\csc^{-1}(x)\,dx = \frac{x^3}{3}\csc^{-1}(x) + \frac{x\sqrt{x^2-1}}{6} + \frac{1}{6}\log(x+\sqrt{x^2-1})$$

となる．積分の上下の端点を代入して，(a) に対する

$$E(R) = \frac{\sqrt{2} + \log(1+\sqrt{2})}{3} = 0.7652$$

を計算する詳細を埋めることは読者に任せるが，この値は問題を述べたところで与えたものである．

これはかなり込み入ったものであるが，$f_R(r)$ を計算しないで済ます方法がある．その代わりに**もし**（いつでも**もし**がある！）2 重積分する気があるなら，そのアプローチから得られることは，X と Y に対する単純な密度関数を直接に扱うことになるということである．つまり，X と Y の**同時**確率密度関数を使って，単位正方形全体で単に $\sqrt{x^2+y^2}$ を積分することになる．X と Y は独立だから，

$$f_{X,Y}(x,y) = f_X(x)f_Y(y)$$

であり，X と Y がそれぞれ 0 から 1 までで一様だから，

$$f_{X,Y}(x,y) = \begin{cases} 1 & \text{（単位正方形上で）} \\ 0 & \text{（それ以外で）} \end{cases}$$

[2)] ［訳註］csc は cosecant（余割）を表す．$\csc(\theta) = 1/\sin\theta$ と定義されるので，$\csc^{-1}(r) = \sin^{-1}\frac{1}{r}$ の定義域は $|r| \ge 1$ であることに注意すること．訳註 1) で示したように $\frac{d}{dr}\sin^{-1}(r) = 1/\sqrt{1-r^2}$ だから，$\frac{d}{dr}\csc^{-1}(r) = -1/r\sqrt{r^2-1}$ となる．あとは下の計算も含めて読者に任せる．

となり，だから

$$E(R) = \int_0^1 \int_0^1 \sqrt{x^2 + y^2}\, dxdy$$

となる．

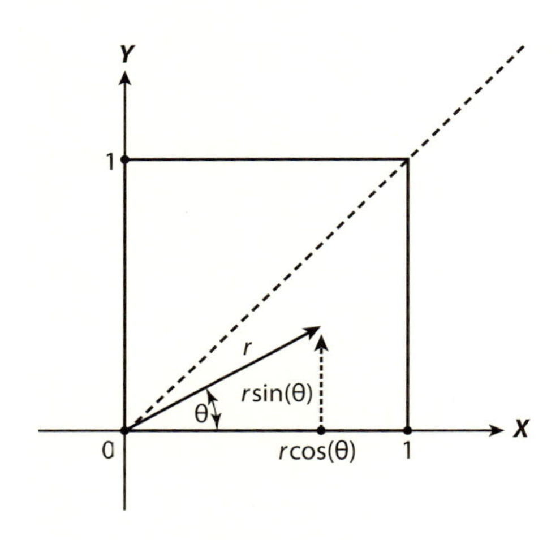

図 **18.2.5**　極座標への変換

1839 年にドイツの大数学者ルジューヌ・ディリクレ (1805–1859) は「多重積分の計算は一般に非常に大きな困難を示す」と書いており，われわれの 2 重積分も実際に帽子から（小さい）兎を取り出すことを要求している．2 重積分をするためのトリックは図 18.2.5 に示すような極座標 $x = r\cos(\theta)$, $y = r\sin(\theta)$ に変換することである．直交座標系での面積要素 $dxdy$ は極座標では $r\,drd\theta$ となる．対称性から，する必要があるのは単位正方形の対角線の下半分で積分することである．上半分では同じになるからである．つまり，θ に関する積分は区間 $0 \leq \theta \leq \pi/4$ 上ですることになる．だから，下半分での 2 重積分を 2 倍して

$$E(R) = 2\int_0^{\pi/4} \int_0^{\sec\theta} r^2\, drd\theta$$

となる．ここで，内側の r の積分の上端は，半径ベクトルが単位正方形の右上隅に到達するとき，つまり $r/1 = \sec(\theta)$ のときに r が最大になるという事実から来ている．

だから，簡単な積分計算で

$$E(R) = \frac{2}{3}\int_0^{\pi/4} \sec^3(\theta)\,d\theta$$

となる．積分表から

$$\int \sec^3(x)\,dx = \frac{\sec(x)\tan x}{2} + \frac{1}{2}\log[\sec(x) + \tan x]$$

が得られる．$\tan(\pi/4) = 1$, $\sec(\pi/4) = \sqrt{2}$, $\sec(0) = 1$, $\tan(0) = 0$ であるから，これらの値を代入すれば，(a) に対して，前に見出したのとまったく同じ

$$E(R) = \frac{\sqrt{2} + \log(1 + \sqrt{2})}{3}$$

が得られる．

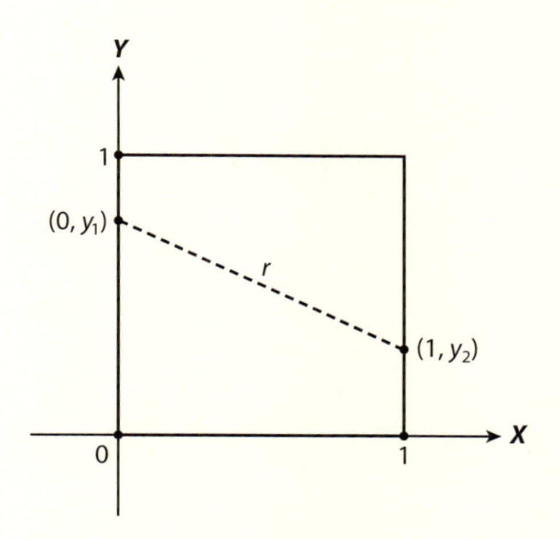

図 18.2.6　(b) の幾何

オーケー，これで (a) の面倒は 2 回見たことになる．(b) についてはどうだろう？　この部分の最初から 2 重積分の定式化を使うことにしよう．図 18.2.6 で見るように，単位正方形の左の縦の辺から右の縦の辺へ行くことにすると，

$$r = \sqrt{1 + (y_1 - y_2)^2}$$

となる．変数を u, v に変えると

$$E(R) = \int_0^1 \int_0^1 \sqrt{1 + (u - v)^2}\,dudv$$

となる．なぜなら，Y_1 と Y_2（U と V）の同時密度関数は積分領域全体で 1 だからである．このように変数を変えることは（下付きの記号を書かずに済ますということ以外に！）概念的に役に立つのは，y_1 と y_2 に対する見方（ともに単位正方形の縦の辺に沿って分布している）から，単に 2 つの独立な（0 から 1 まで一様に）分布する量という見方に変えてくれることである．図 18.2.6 の元の幾何とは違い，U と V が直角座標系に沿った図 18.2.7 の幾何が得られる．

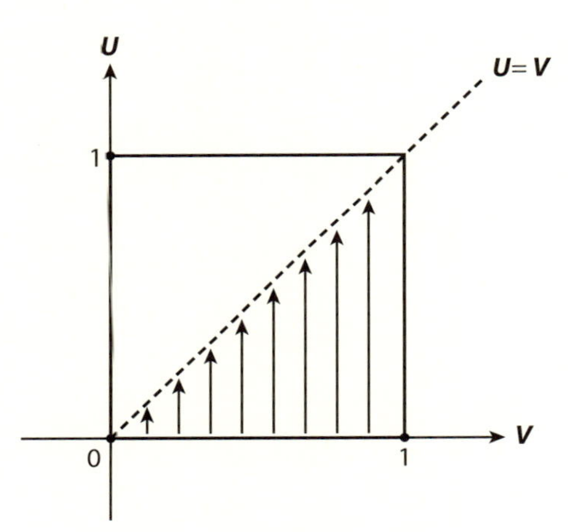

図 18.2.7　問題 (b) に対する変更した幾何

前と同じように，被積分関数における u と v の間の対称性を利用して，元の積分を積分領域の下半分上の積分の 2 倍に取り替える．つまり，図 18.2.7 に示したように

$$\int_0^1 \int_0^1 \sqrt{1+(u-v)^2}\,dudv = 2\int_0^1 \left\{ \int_0^u \sqrt{1+(u-v)^2}\,dv \right\} du$$

と書くことができる．変数を $t = u - v$ に変えると 2 重積分は（$dt = -dv$ なので）

$$2\int_0^1 \left\{ \int_0^u \sqrt{1+t^2}\,dt \right\} du$$

となる．内側の t の積分は

$$\int \sqrt{1+t^2}\,dt = \frac{t\sqrt{1+t^2}+\sinh^{-1}(t)}{2}$$

となり[3]，上の 2 重積分は

$$\int_0^1 u\sqrt{1+u^2}\,du + \int_0^1 \sinh^{-1}(u)\,du$$
$$= \left[\frac{1}{3}(u^2+1)^{3/2}\right]_0^1 + \left[u\ \sinh^{-1}(u) - \sqrt{1+u^2}\right]_0^1$$

となって，端点の 0 と 1 を代入して値を求めると，(b) に対しては

$$E(R) = -\frac{1}{3}\sqrt{2} + \frac{2}{3} + \log(1+\sqrt{2}) = 1.0766$$

となり，問題の主張で与えた値となる．可能な最小値は 1 で，最大値は $\sqrt{2}$ だから，個人的にはこの結果は直感に反するように思う（少し小さい方に寄っているように見える）．しかし，そうなっているのである．

(c) に関しては，そう，単位正方形の中のどこにでもそれぞれ無作為に置かれた 2 つの点の間の距離を

$$R = \sqrt{|X_2 - X_1|^2 + |Y_2 - Y_1|^2}$$

と数学的に書くことによって定式化することができるだろう．$Z = X_2 - X_1$ と $W = Y_2 - Y_1$ と置く．ここですべての X と Y たちは独立で，0 から 1 までの間に一様に分布する確率変数である．明らかに，Z と W は独立で，その確率密度に対しては同じ形に関数になる．それをそれぞれ $f_Z(z)$ と $f_W(w)$ と書く．それが次のようになることの詳細については読者に任せることにしよう．

$$f_Z(z) = \begin{cases} 2(1-z) & (0 \le z \le 1) \\ 0 & \text{その他} \end{cases} \qquad f_W(w) = \begin{cases} 2(1-w) & (0 \le w \le 1) \\ 0 & \text{その他} \end{cases}$$

それから，

$$R = \sqrt{Z^2 + W^2}$$

であり，単位正方形全体で

$$f_{Z,W}(z,w) = f_Z(z)f_W(w) = 4(1-z)(1-w)$$

[3]［訳註］著者はウルフラム社の Mathematica のオンラインの積分のページを利用したと言っているが，ある程度の大学用の微積分の教科書にならば必ず載っている．

となる（そして他では0である）から，2重積分

$$E(R) = 4\int_0^1\int_0^1 \sqrt{z^2+w^2}\,(1-z)(1-w)\,dzdw$$

となり，今度は積分をやり抜くには頑張らないといけないが，やはり任せよう．そして，すべての霧が晴れたときには，答が

$$E(R) = \frac{\sqrt{2}+2+5\log(1+\sqrt{2})}{15} = 0.5214$$

と，問題の主張で与えた値になることだけは書いておこう．

18.3　コンピュータ・シミュレーション

前節の(a)と(b)の解答に対する計算は長くてうんざりするものだった．(c)に対する計算の特徴も同じ2つの言葉で述べられるだろう（もし貴方がやってみたならきっと同意するだろう）．3つの場合に対するシミュレーションのコードは，それとは違って，短くて簡単なものである．(a)に対しては（「隣辺」に対する）**adj.m**，(b)に対しては（「辺から辺へ」に対する）**sts.m**，そして(c)に対しては（「どの2点にでも」に対する）**any.m**である．それぞれの場合に百万対の点に対してコードを走らせた結果は次の通りである．

(a) **adj.m** コード $= 0.7651$（理論値 $= 0.7652$）

(b) **sts.m** コード $= 1.0767$（理論値 $= 1.0766$）

(c) **any.m** コード $= 0.5216$（理論値 $= 0.5214$）

adj.m

```
total=0;
for loop=1:1000000
    r=sqrt(rand^2+rand^2);
    total=total+r;
end
total/1000000
```

```
sts.m
total=0;
for loop=1:1000000
    r=sqrt(1+(rand-rand)^2);
    total=total+r;
end
total/1000000
```

```
any.m
total=0;
for loop=1:1000000
    r=sqrt((rand-rand)^2+(rand-rand)^2);
    total=total+r;
end
total/1000000
```

理論的な解析をしている間に蒙(こうむ)った苦痛を考えると，これらのコードの単純さと簡潔さ（とそれらの理論との密接な近さ）は驚くほどである．

最後に，もう１つ,「単位正方形上の平均距離」とは何かを想像する仕方がある．どれでも辺の１つを選び（確定するために，底にある水平な辺としよう），そこから無作為に１点をとり，0 ラジアンから π ラジアンまでの角を無作為にとる．それから，その角でその点を出発して，正方形内をその直線にそってもう１つの辺に行き当たるまで移動する（点と角によって，3 辺のうちのどれになるかが決まる）．この移動距離の平均値はいくつか？　この移動距離に対する分布関数と密度関数は私の著書『ちょっと手ごわい確率パズル』の「庭園散歩」という章で詳しく調べてある．MATLAB® のシミュレーションのコード (**paths.m**) もそこに挙げてある [4]．この 4 つ目の解釈による，単

[4] ［訳註］英語版原著の 244–245 ページにはあるが，日本語の翻訳では省略されている．興味があれば原著を参照するか，原著のホームページ (http://press.princeton.edu/titles/6914.html) の Download Matlab files というページからダウンロードすることができる．

位正方形内の平均移動距離は

$$\frac{1-\sqrt{2}+3\log(1+\sqrt{2})}{\pi}=0.7098$$

である．

第 19 章

最後のものが駄目になるのはいつ？

19.1　問題

日常的な生活で使うすべての素材はいつかはその機能を止める．いつかは**われわれ**自身も働くのを止める．それを否定することは誰にもできないだろう．人間的なことでなくて特定するために，同じ製造ラインで続けて作られた，見たところは同じトースターを考えることにしよう．これらのトースターを1台ずつ N 人の人に与え，毎朝の食事のためにトーストを作ることができるとする．したがって N 個のトースターは，それぞれ同じ日常的な使用をされるけれど，**何回もつかはすべて異なる**ことになる．あるものは最初に駄目になるし，それからしばらくして2つ目のトースターが駄目になり，そして次々と駄目になっていき，最後には N 番目のトースターが高熱をだす能力を失うことになる．

（トースターを含む）多くの異なるものが指数的な確率法則に従って駄目になるのは観測される事実だけれど，ここでは追求しないがある極めてもっともな物理的な仮定をすれば（確率論についての何かよい教科書を参照のこと），理論的に説明することができる．つまり，トースターの寿命を T と書けば，T は

$$\text{Prob}(T > t) = e^{-\lambda t}, \qquad t \geq 0$$

を満たす確率変数である．ここで，λ は正の定数である．特に，$\text{Prob}(T > 0) = 1$ と $\lim_{t\to\infty} \text{Prob}(T > t) = 0$ という2つの主張が成り立つが，両方とも物理的

な意味がある．最初の主張はトースターは最初に使うまでは駄目になっていないということであり，2 つ目の主張は永遠にもつものはないということである．

さて，λ は何だろうか？　明らかに，それは時間の逆数の単位を持つが，それは指数 λt は次元を持たないからだが，それだけでは λ が何かはわからない．$F_T(t)$ を T の確率**分布**関数とするとき，

$$\text{Prob}(T > t) = 1 - \text{Prob}(T \leq t) = 1 - F_T(t)$$

であることに注意する．

$$F_T(t) = 1 - \text{Prob}(T > t) = 1 - e^{-\lambda t}$$

であるから，T の確率的**密度**関数は

$$f_T(t) = \frac{d}{dt}F_T(t) = \lambda e^{-\lambda t}, \qquad t \geq 0$$

となる．すると，T の期待値，つまり，トースターの平均寿命は

$$E(T) = \int_0^\infty t f_T(t)\,dt = \lambda \int_0^\infty t e^{-\lambda t}\,dt = \frac{1}{\lambda}$$

で与えられる [1]．言い換えれば，λ は平均寿命の逆数である．もし時間を平均寿命を単位として計ることにすれば，一般性を失うことなく $\lambda = 1$ ととることができる．だから，これ以降，

$$F_T(t) = 1 - e^{-t}, \quad f_T(t) = e^{-t}, \quad t \geq 0$$

と書くことにする．

見かけは同じものの集まりがどのように駄目になっていくかに関する奇妙なことの 1 つに，最後に駄目になるまでの時間が，個々のものの平均寿命に比べて，非常に長くなり得るということがある．このことは，指数分布の確率変数の**無記憶性**と呼ばれることに関係している．これがその意味なのである．トースターであれ，他の何であれ指数法則に従うものは，実際には，段々

[1]［訳註］これには部分積分をすればよい．

$$\lambda \int_0^\infty t e^{-\lambda t}\,dt = \lambda \left[-\frac{t e^{-\lambda t}}{\lambda} \right]_0^\infty + \int_0^\infty e^{-\lambda t}\,dt = -\frac{1}{\lambda}\left[e^{-\lambda t} \right]_0^\infty = \frac{1}{\lambda}$$

と古びていって駄目になるのではなく，むしろ何か突然の，思いがけない出来事のように見えるのである．つまり，あるものが少なくとも b だけの付加的な時間を生き延びる確率は，それまでにどれだけの期間使われてきたかということに無関係である．少なくとも a だけの期間使用されてきたと仮定すると，この最後の主張は数学的に条件付き確率の方程式（第 17 章参照）

$$\mathrm{Prob}(T > a+b \mid T > a) = \mathrm{Prob}(T > b)$$

として表わすことができる．これは a と b のどんな非負の値に対しても成り立つ．

これが指数確率法則に対して成り立つことを示すのは，単に条件方程式の両辺を計算するという問題である．それで，右辺については，

$$\mathrm{Prob}(T > b) = \int_b^\infty f_T(t)\,dt = \int_b^\infty e^{-t}\,dt = \left[-e^{-t}\right]_b^\infty = e^{-b}$$

となる．そして，左辺については

$$\begin{aligned}\mathrm{Prob}(T > a+b \mid T > a) &= \frac{\mathrm{Prob}(T > a+b,\ T > a)}{\mathrm{Prob}(T > a)} = \frac{\mathrm{Prob}(T > a+b)}{\mathrm{Prob}(T > a)} \\ &= \frac{e^{-a-b}}{e^{-a}} = e^{-b}\end{aligned}$$

となって，条件方程式は確かめられる．実際，無記憶性に対する条件方程式は，（連続確率変数の場合は）指数法則に対して**だけ**成り立つことを示すことができる．

今度は，トースターの代わりにコンピュータのチップだとし，これらのチップの 1 つが中心的な形で使われている極めて重要なセキュリティ・システムがあるとしよう．もしそのチップが壊れたらセキュリティ・システムが切断されてしまう．そこで，信頼性を上げるために，N 個のチップをこのシステムに組み込み，最初はその $N-1$ 個のチップをバックアップとする．その後は，そのとき使っているチップが壊れたときに，残りのバックアップ・チップの 1 つと自動的に交換されるようにする．一時には 1 つのチップだけが機能しているとはいえ，同時にすべてのチップに電源が入っている（つまり，バックアップ・チップは「遊んでいるが熱い」状態である）と想像するのである．このアーキテクチャーから思いつくのは，この問題の次の最初の疑問である．

(1) 最後のチップが壊れるまでの平均時間はどれだけか？

しかし，もちろん，壊れたチップを交換するために新しいチップを挿入する前，最後のチップが壊れるのを待っていたい訳ではない．むしろ，**最後から 2 つ目**のチップが壊れたときに，壊れたチップをすべて新しいチップに交換することになる．そこで，2 つ目の疑問は次のようになる．

(2) 最後から 2 つ目のチップが壊れるまでの平均時間はどれだけか？

$N = 2, 3, 4, 5$ に対して，両方の疑問に対する数値を計算する．その数値を部分的にチェックするとき，与えられたどんな値の N に対しても，明らかに疑問 (2) の答は疑問 (1) の答よりも小さくあるべきである．

19.2　理論的解析

以前，第 16 章で，N 個の独立で，同じ分布を持つ確率変数の最小値と最大値に対する分布関数を導いた．U と V がそれぞれ N 個の確率変数 T_i，$1 \le i \le N$（T_i は i 番目のチップの寿命）の最小値と最大値であれば，

$$F_U(t) = 1 - [1 - F_T(t)]^N \quad と \quad F_V(t) = F_T^N(t)$$

となる．N 個の T_i の最小値と最大値はもちろん，それぞれ壊れる最初と最後に対する確率変数である．だから，U と V の密度は

$$f_U(t) = Ne^{-(N-1)t}e^{-t} = Ne^{-Nt}$$

と

$$f_V(t) = N[1 - e^{-t}]^{N-1}e^{-t}$$

となる．疑問 (1) に答えるために，最初に関心があるのは V である．

最後のチップが壊れるまでの平均時間は

$$E(V) = \int_0^\infty t f_V(t)\,dt = N\int_0^\infty t[1 - e^{-t}]^{N-1}e^{-t}\,dt$$

という，実際よりも難しく見える積分になる．値を求める 1 つの方法を示そう．2 項定理により

$$(a+b)^n = \sum_{k=0}^{n}\binom{n}{k}a^k b^{n-k}$$

であり，$n = N-1$, $a = 1$, $b = -e^{-t}$ とすると，

$$
\begin{aligned}
(1-e^{-t})^{N-1} &= \sum_{k=0}^{N} \binom{N-1}{k} (-e^{-t})^{N-1-k} \\
&= \sum_{k=0}^{N} \binom{N-1}{k} (-1)^{N-1-k} e^{-(N-1-k)t} \\
&= \sum_{k=0}^{N} \binom{N-1}{k} (-1)^{N-1-k} e^{-(N-k)t} e^{t}
\end{aligned}
$$

となる．だから，

$$
\begin{aligned}
E(V) &= N \int_0^{\infty} t \sum_{k=0}^{N} \binom{N-1}{k} (-1)^{N-1-k} e^{-(N-k)t}\, dt \\
&= N \sum_{k=0}^{N} \binom{N-1}{k} (-1)^{N-1-k} \int_0^{\infty} t e^{-(N-k)t}\, dt
\end{aligned}
$$

となる．積分表から，定数 c に対して，

$$
\int t e^{ct}\, dt = \frac{e^{ct}}{c} \left(t - \frac{1}{c} \right)
$$

が得られるので [2]，$c = -(N-k)$ に対しては，

$$
\int_0^{\infty} t e^{-(N-k)} t\, dt = \left[\frac{e^{-(N-k)t}}{-(N-k)} \left(t + \frac{1}{N-k} \right) \right]_0^{\infty} = \frac{1}{(N-k)^2}
$$

となる．こうして

$$
E(V) = N \sum_{k=0}^{N-1} \binom{N-1}{k} \frac{(-1)^{n-1-k}}{(N-k)^2}
$$

となる．これは $N = 2, 3, 4, 5$ に対して容易に手計算で値を求めることができ，結果は（時間の単位は個々のチップの平均寿命であることを思い出すこと）

N	$E(V)$
2	$3/2 = 1.5$
3	$11/6 = 1.833$
4	$25/12 = 2.083$
5	$137/60 = 2.283$

[2]［訳註］積分表などと言わなくても部分積分をすれば次のようにして得られる．$\int t e^{ct}\, dt = \frac{te^{ct}}{c} - \frac{1}{c} \int e^{ct}\, dt = \frac{te^{ct}}{c} - \frac{1}{c^2} e^{ct}$

となる．

疑問(2)については，Z を最後から2つ目に生き残るものの寿命を表わす確率変数とする．Z の分布関数は

$$
\begin{aligned}
F_Z(t) &= \mathrm{Prob}(\text{すべてのチップが時刻} \le t \text{ で壊れる}) \\
&\quad + \mathrm{Prob}(\textbf{1 つ以外のすべて}\text{のチップが時刻} \le t \text{ で壊れる}) \\
&= F_T^N(t) + F_T^{N-1}(t)[1 - F_T(t)]N
\end{aligned}
$$

となる．右辺の2つ目の項については少し説明が要るかもしれない．最初の因子は $N-1$ 個のチップが時刻 t までに壊れる確率であり，2つ目の因子は1つのチップが時刻 t までに壊れ**ない**確率であり，3つ目の因子があるのはどのチップが最後まで生き残る因子になるかに N 通りの可能性があるからである．

整理すると，

$$F_Z(t) = (1-N)F_T^N(t) + NF_T^{N-1}(t)$$

となる．微分すれば Z に対する密度

$$f_Z(t) = (1-N)NF_T^{N-1}(t)f_T(t) + N(N-1)F_T^{N-2}(t)f_T(t)$$

が得られる．

$F_Z(t)$ と $f_Z(t)$ に対する一般的な表示について続ける前に，$N=2$ の特別な場合には Z が**最小**関数 U と同値であることを注意しておく．つまり，初めにたった2つのチップしかなかったときには，最後から2つ目に壊れるチップは最初に壊れるチップである．$N=2$ に対しては，$F_Z(t)$ と $f_Z(t)$ に対する2つの一般的な表示は

$$F_Z(t) = -F_T^2(t) + 2F_T(t)$$

と

$$f_Z(t) = -2F_T(t)f_T(t) + 2f_T(t)$$

となる．すると，$F_U(t)$ と $f_U(t)$ に対する表示を見てみると，$N=2$ という特別な場合には，それらは

$$F_U(t) = 1 - [1 - F_T(t)]^2 = -F_T^2(t) + 2F_T(t)$$

と

$$f_U(t) = 2[1 - F_T(t)]f_T(t) = -2F_T(t)f_T(t) + 2f_T(t)$$

となって，$N = 2$ に対する $F_Z(t)$ と $f_Z(t)$ に一致する．これが一致することは，そのような一致が起こらないときには Z に対する等式に間違いがあるということが**わかる**という保証になってくれる．

今度は，前にやったように，$F_T(t)$ と $f_T(t)$ に対する式を $f_Z(t)$ に対する一般式に代入すると，

$$f_Z(t) = (1 - N)N(1 - e^{-t})^{N-1}e^{-t} + N(N - 1)(1 - e^{-t})^{N-2}e^{-t},$$

つまり

$$f_Z(t) = N(N - 1)(1 - e^{-t})^{N-2}e^{-2t}$$

となる．だから，疑問 (2) に対する形式的な答は

$$E(Z) = \int_0^\infty t f_Z(t)\,dt = N(N - 1)\int_0^\infty t(1 - e^{-t})^{N-2}e^{-2t}\,dt$$

となる．前のように 2 項定理を使えば，

$$\begin{aligned}
(1 - e^{-t})^{N-2} &= \sum_{k=0}^{N}\binom{N-2}{k}(-e^{-t})^{N-2-k} \\
&= \sum_{k=0}^{N}\binom{N-2}{k}(-1)^{N-2-k}e^{-(N-2-k)t} \\
&= \sum_{k=0}^{N}\binom{N-2}{k}(-1)^{N-2-k}e^{-(N-k)t}e^{2t}
\end{aligned}$$

となる．だから，

$$\begin{aligned}
E(Z) &= N(N - 1)\int_0^\infty t\sum_{k=0}^{N}\binom{N-2}{k}(-1)^{N-2-k}e^{-(N-k)t}\,dt \\
&= N(N - 1)\sum_{k=0}^{N}\binom{N-2}{k}(-1)^{N-2-k}\int_0^\infty te^{-(N-k)t}\,dt
\end{aligned}$$

となる．しかし，この最後の積分は前にやったのとまったく同じ積分だから，直ちに，

$$E(Z) = N(N - 1)\sum_{k=0}^{N}\binom{N-2}{k}\frac{(-1)^{N-2-k}}{(N - k)^2}$$

が得られる．これはまさに，$E(V)$ でやったように手計算で容易に値を求めることができるもので，すぐに

N	$E(V)$
2	$1/2 = 0.5$
3	$5/6 = 0.833$
4	$13/12 = 1.083$
5	$77/60 = 1.283$

が得られる．

物理的に期待されたように，与えられた N に対して $E(Z) < E(V)$ となっている．しかし，この表が教えてくれる本当に驚くべき関係は，N に関わりなく，$E(Z)$ が $E(V)$ より**常に，ちょうど** 1 だけ小さい（ように見える）ということである．このことを証明できるだろうか？　しかし，指数的な確率変数の無記憶性について前に行った議論を考えれば，今ではこの数値的な結果は明らかではないだろうか？

第  章

誰が優勢？

20.1 問題

ある公職に対する 2 人の候補 P と Q がそれぞれ p 票と q 票を得て，$p > q$ である，つまり，P が勝つと仮定する．その最終結果ははっきりと決まるけれど，それは投票の集計が終わってからのことである．集計している間は，個々の集票の進み方に応じて，どちらが優勢かは揺れ動くことがある．**投票定理**と呼ばれる 19 世紀の確率論の有名な結果があるが，それは，集計の最初から**常に** P が Q より優勢である確率が

$$\frac{p-q}{p+q}$$

によって与えられるというものである．

この単純な表示からかなり驚くようなことが導かれる．たとえば，$p = 400, q = 100$ で，P が 4 対 1 の得票差で勝つ（大勝である）としてみよう．すると，投票定理によれば，集票中いつでも P が Q より優勢である確率は

$$\frac{400-100}{400+100} = \frac{300}{500} = 0.6$$

となり，つまり，P が大勝利をしていてさえ，集票中のある時点で Q が少なくとも P と互角であるという確率は 0.4 であって，微々たるものとは言えない．

投票定理は最初 1878 年にイギリスの数学者ウィリアム・アレン・ウィットワース (1840–1905) によって証明されたが，現代の多くの書き手は依然として（間違っているが）フランスの数学者ジョゼフ・ベルトラン (1822–1900) によ

るものとしている．彼も実際にこの結果を導いているが，ほぼ 10 年後の 1887 年のことであった．結果の見た目がこんなに単純なのだから，同じように簡単に導かれるべきかのように見える．そのように導き出されるけれど，数学的に必要なのは簡単なことだけである．その数学を簡単にするのは極めて巧妙な幾何学的考察である．それをここで述べる前に，自分で投票定理を証明してみてほしい．そうすれば，仕掛けをより鑑賞できるようになるだろう．

20.2　理論的解析

集計するために投票箱から投票用紙を取り出していくにつれ，図 20.2.1 に示すように結果をプロットしていくことができる．図の水平軸は集計していく投票用紙の数であり，垂直軸は P に対する正味の投票数である．つまり，垂直軸が正であるのは P が優勢（Q が劣勢）であり，垂直軸が負であるのは P が劣勢（Q が優勢）であり，水平軸自体は互角であることを意味している．図 20.2.1 にプロットされているもの（**経路**と呼ぶ）は，$P\ P\ P\ Q\ P\ Q\ Q\ P\ Q\ Q\ \ldots$ から始まる特定の集計の列に対するものである [1]．この特定の始まりを持つどんな経路も（追加の投票が数えられたときこれ以降に何が起ころうと）**悪い経路**と呼ぶことにする．それはそれらはすべて，常に P が Q より優勢であるわけではないからである（10 番目の票を数えたときに互角になっているから）．**良い経路**というのは，最初の票が数えられた後は常に水平軸よりも上方にあるような経路のこととする．経路の幾何はとても簡単なように見えるが，われわれの問題を解く鍵となるほどには十分強力なのである．

上の観察を念頭に置くと，Q から始まるすべての経路は，すぐに水平軸より下に落ちるから，悪い経路であるという結論になる．最初に数えた票が Q である確率は

$$\frac{q}{p+q}$$

である．次に，最終の集計で 4 対 3 で P が選挙に勝つという場合を考えよう．図 20.2.2 は $P\ P\ Q\ Q\ Q\ P\ P$ という特定の集計列に対する経路を示している．この経路の始まりは良い経路に見えるが，結局 4 番目の票の後は「悪くなる」．というのは，その時点で互角になっているからである．

[1]［訳註］P は候補者 P が，Q は候補者 Q が書かれた票のこととしている．

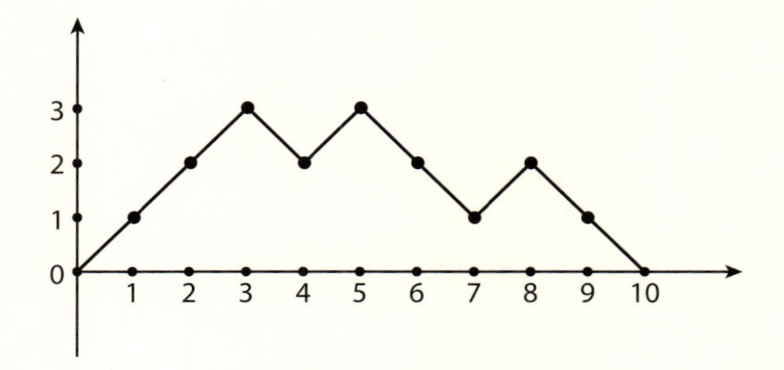

図 **20.2.1** 悪い集計経路

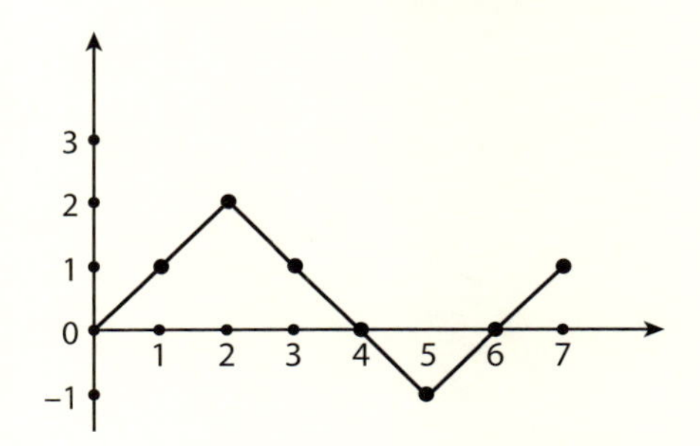

図 **20.2.2** 別の悪い集計経路

互角になるなら，その時点で（定義により！）P と Q に対する投票数が等しくなっているわけである．これはそう聞こえるほどには自明ではない．なぜなら，$PPQQ$ から始まる集票列を $QQPP$ から始まるように並べ直すことが可能だということを意味する．つまり，最初に互角になるまでのところを，図 20.2.3 に示すように，各 P を Q に，各 Q を P に，置き換えるのである．最初に互角になるまでの P と Q に対する投票数は等しいので，そうすることによって「良い経路を悪いものに」変えることがいつでもできるのである．こうすることで，悪くなる良い経路は「最初から悪い経路」に，つまり，前の議論ですでに考えた経路に変わってしまう．

逆の鏡映もまた可能であり，そのことは，悪くなる良い経路と最初から悪い経路との間に 1 対 1 対応があるということを意味する．つまり，それらは同じ確率を持つ．だから，悪い経路の全確率は

$$2\frac{q}{p+q}$$

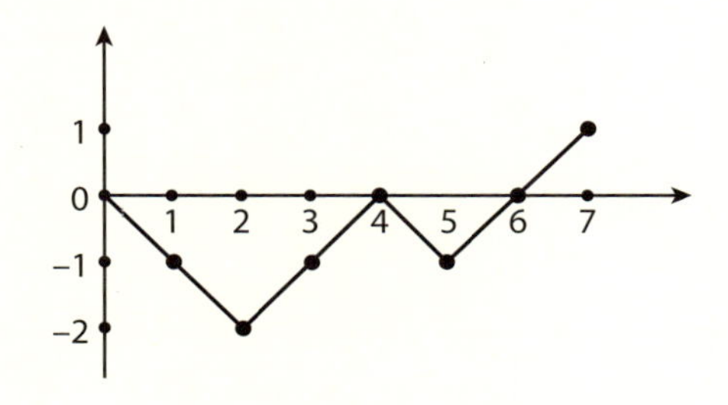

図 **20.2.3**　図 20.2.2 の経路の鏡映

である．他のすべての経路は良い経路だから，常に P が Q より優勢であるような良い経路の確率は

$$1 - 2\frac{q}{p+q} = \frac{p+q-2}{p+q} = \frac{p-q}{p+q}$$

となり，まさに，投票定理が得られる．

第21章 プラムプディング

21.1 問題

ウィットワースの『選択と偶然』(*Choice and Chance*) の第5版（1901年刊，初版は1867年に出版[1]）の333ページの問題971は次のようなものである.「もし球状のプラムプディングにn個のとても小さなプラムが入っているなら，表面から一番近いものまでの距離の期待値は半径の$2n+1$分の1である」(ことを示せ).

私は直ちにこの問題に引きつけられた（もちろん誰でもそうなるであろうように[2]）．それは，n個の独立な確率変数の最大値が「自然に」(どのようにかはすぐわかるだろう）現れる様子のうまい説明を与えてくれるだろうと思えたからである．だから，ペンを出して，1分かそこらで解答を得た．どうしたことだろう，本の答と違うのである．私の計算では「半径の$3n+1$分の1である」となったのである．ウィットワースがかなりできのいい人であること（この人は集票での優勢に関する前章の問題に出てきたのと同じウィットワースである）を知っているので，私の最初の反応は，どこかで間違ったに違いないというものだった．しかし，何度もやってみたが，ヘマをしたとこ

---

1) ［訳註］原著は何度も版を重ねていて，1901年度版以降は「1000題の問題付き」と銘打っている.

2) ［原註］ある朝この問題のことを妻に話したとき，(初めは）熱心に聞いていたが，1分くらいもすると，妻の眼がつむり加減になり，頭が胸に落ちてしまった．心配になって，大丈夫かと訊いたら，大きないびき（の振り）をして返事をした．もう2度と数学の問題の話はしないからと妻に言ったら,「それ，約束ね？」と素早く切り返された．しかしその後，妻はやさしく続けてこう言った.「でももちろん，プラムがどこにあるかなんてことにパン屋さんが関心があるってことはわかるわよ.」本書をお読みの貴方なら，きっと，妻にではなく私と同意見であると信じている.

ろを見つけることができなかった．

それから，**本が間違っているかもしれない**という異端の考えを持った．もしかすると，長く動かしていなかった植字工の指が 3 のキーの代わりに 2 のキーを押したという，単なるミスだったのであり，ウィットワースが本の校正刷りを読んだときに誤植を見つけられなかったということかもしれないと思った．しかしもちろん，私の犯した血迷った破れかぶれの推測にすぎないのかもしれない．

そしてそれから，このジレンマがコンピュータ・シミュレーションの価値に対する根拠になりうる，という幸せな考えを持つことになった．本の答と私の答の違いはシミュレーションによって簡単に識別できるようなものである．たとえば，$n = 5$ であれば，本の答では表面から一番近い平均距離は半径の $1/11 = 0.09090\ldots$ であり，私の結果では半径の $1/16 = 0.0625$ である．$n = 9$ に対しては，本の結果は $1/19 = 0.05263\ldots$ であり，私の $1/28 = 0.03571\ldots$ と比べれば，はっきりした違いになる．

だから，この問題では先にモンテカルロのシミュレーションをして，それから理論的な解析をすることにする．コードが私の答と極めてよく一致しているが，ウィットワースの本のものと一致しないことがわかっても驚くようなことではない（もしもそうでないなら，本書の何も読んでなかったことになる！）．彼の本の答は誤植である．これ以上読み進む前に，正しい結果を導けるかどうか試して見てほしい．

21.2　コンピュータ・シミュレーション

ウィットワースの問題のシミュレーション（1901 年頃の彼には夢見ることしかできなかったアプローチである）は非常に直線的なものである．一般性を失うことなく，3 次元の x, y, z 座標系の原点を中心とする半径 1 の球を取って，長さ 2 の辺を持つ立方体に囲まれていると考える．球の中に無作為にプラムを置くために，単に立方体の中に無作為にプラムを置き，球の内部に落ちるものだけを扱うことにする．つまり，数の 3 つ組 (x, y, z) を，それぞれの数が -1 から 1 までで一様であるように生成し，$x^2 + y^2 + z^2 < 1$ であるようなものだけを残す．これを，球の内部に n 個の点（プラム）がとれるまで続ける．

それから，MATLAB® の最大値のコマンドを使って，原点からもっとも遠い（だから，表面にもっとも近い）プラムの原点からの距離の値を記録する．それから，全部で百万回このことを繰り返して，記録した値の平均をとる．

最後に，表面にもっとも近いプラムの表面からの距離（これが実際にウィットワースが求めたもの）の平均を求めるために，この（原点からの）平均距離を 1 から引く．コード **plums.m** はこの仕事をするものである．$n = 5$ と $n = 9$ の値に対してコードを走らせたら，表面からの平均距離はそれぞれ 0.062499 . . . と 0.03575 . . . となった．私の理論的な結果とかなり良く一致している．

plums.m

```
n=input('n はいくつ？')
total=0;
for loop1=1:1000000
    points=zeros(1,n);
    for loop2=1:n
        keeptrying=0;
        while keeptrying==0
            x=-1+2*rand;y=-1+2*rand;z=-1+2*rand;
            d2=x^2+y^2+z^2;
            if d2<1
                keeptrying=1;
            end
        end
        points(loop2)=sqrt(d2);
    end
    total=total+max(points);
end
1-(total/loop1)
```

21.3　理論的解析

半径 R の球全体に無作為に（一様に）分布しているプラムは，球内のどんな部分領域に対しても，その領域にある確率は領域の大きさに正比例する．こうして，プラムの中心からの距離が（どの方向であっても）r である確率は，半径 r の厚さが $\Delta r \ll R$ であるような薄い球殻の体積を，球全体の体積で正規化したもので与えられる（正規化によってプラムが球のどこかにあるという確率は 1 になる）．それゆえ，この確率は

$$\frac{4\pi r^2 \Delta r}{4/3\pi R^3} = \frac{3r^2}{R^3}\Delta r$$

となる．今度は Z を原点からプラムへの距離を表す確率変数とし，$f_Z(r)$ を Z の確率密度関数とする．そのとき，この同じ確率が

$$f_Z(r)\Delta r$$

と表され，だから，

$$f_Z(r) = \begin{cases} \dfrac{3r^2}{R^3} & (0 \le r \le R) \\ 0 & (\text{その他}) \end{cases}$$

となる．すると，Z の分布関数は

$$\begin{aligned} F_Z(r) = \mathrm{Prob}(Z \le r) &= \int_0^r f_Z(u)\,du \\ &= \frac{3}{R^3}\int_0^r u^2\,du = \frac{r^3}{R^3} \quad (0 \le r \le R) \end{aligned}$$

となる．

以前第 16 章でやったことから，それぞれの分布が $F_Z(r)$ であるような n 個の独立な確率変数の最大値を V とすれば，V の分布は

$$F_V(r) = F_Z^n(r) = \frac{r^{3n}}{R^{3n}}$$

となることがわかる．こうして，V の確率密度は

$$f_V(r) = \frac{d}{dr}F_V(r) = \frac{3nr^{3n-1}}{R^{3n}}$$

となる．だから，**原点から**もっとも遠いプラムまでの距離の期待値は

$$E(V) = \int_0^R r f_V(r)\,dr = \frac{3n}{R^{3n}} \int_0^R r^{3n}\,dr = \left(\frac{3n}{R^{3n}}\right)\left(\frac{R^{3n+1}}{3n+1}\right) = \frac{3nR}{3n+1}$$

となる．最後に，球の中心からもっとも遠いプラムの球の**表面から**の距離の期待値は，主張していたように

$$R - \frac{3nR}{3n+1} = \frac{R}{3n+1}$$

となる．

第22章 ピンポン，スカッシュ，差分方程式

22.1 ピンポン数学

誰でもこれまでにピンポンをやったことがあるだろう．夏のキャンプ，学校，友達の家が多いかもしれない．得点の規則は単純である．各ラリーで勝った方にポイントが入り（どちらがサービスをしたかに関係なく），11 ポイントを先にとったほうがゲームに勝つというものである．ただし，少なくとも 2 ポイントは多くとっていなければならないというちょっとした注意書きがある．11 対 9 なら勝ちだが，11 対 10 では勝ちではないということだが，ここではそれは無視しよう [1]．このパズルでの最初の問題は単純なものである．2 人のプレイヤーを P と Q と呼び，各ポイントで勝つ確率がそれぞれ p と $1-p=q$ であるとしたとき，P がゲームに勝つ確率はいくつか，というものである．

本書でこれまで何度も使ってきたアプローチにより，モンテカルロ・シミュレーションを書くことによって，この確率を評価することができるだろう．その代わりに，ここではまったく異なるコンピュータでの解法を示すことにする．もちろん現代のコンピュータの膨大な量の計算を行う能力に基づいたものなのだが，この代替の技法には速さと精確さという 2 つの利点がある．欠点といえばいくらかコードを書く前に解析をする必要があることだが，頑張っ

[1] ［訳註］どちらかが 11 ポイントになったとき，相手が 9 ポイント以下なら勝負がつくが，それ以降は 2 ポイント以上離れるまで勝負がつかないというのが実際の規則だが，それを数学的に扱うのは複雑すぎるので，今は無視した議論をしようということである．また，場合によって勝つまでの 11 ポイントが 21 ポイントになることも，他のポイントになることもあるが，原理は同じである．

てやるだけのことがあると思ってもらえると思う．それは，コードの計算があたかも公式を使っているように正確だからであり，統計的なサンプリングの誤差はないのである．

問題を数学的に設定することは難しくはなく，詳細にその解析をやることで，次節のずっと難しい問題を攻撃する方法が見えてくるだろう．ここで，ウォーミングアップのピンポン・パズルの解き方を述べよう．ゲームの**状態**を (i, j) で表わすことにする．その意味は，ゲームに勝つために，P ならさらに i ポイント，Q ならさらに j ポイントが必要であることとする．もしゲームの状態が (i, j) であれば，**その状態から** P がゲームに勝つための確率を $\mathrm{tt}(i, j)$ と定義する（tt という名前にしたのはピンポンを卓球 (table tennis) とも言うからである）．ゲームが始まろうとするとき，P がゲームに勝つための確率はいくつかという，このウォーミングアップ問題の答は $\mathrm{tt}(11, 11)$ である．

さて，$\mathrm{tt}(11, 11)$ の計算法を述べる前に，次の 3 つの考察が欠かせない．

(1) $\mathrm{tt}(0, j) = 1,\ 1 \leq j \leq 11$ である．これらは，P が勝つためには 0 ポイントしか必要でないときの確率だが，すでに P は**勝っ**ている．

(2) $\mathrm{tt}(i, 0) = 0,\ 1 \leq i \leq 11$ である．これらは，Q が勝つためには 0 ポイントしか必要でないときの確率だが，すでに Q は**勝っている**（ので，P は**負けている**）．

(3) $\mathrm{tt}(0, 0)$ には意味がない．P と Q の両方が勝つという状態にゲームがなることはあり得ない．

さて，$\mathrm{tt}(11, 11)$ を求めるにはどうすればいいだろう．

ゲームの状態が (i, j) であるとしよう．次のポイントを P が勝ちとる場合には確率 p で状態は $(i-1, j)$ に変わり，Q が勝ちとる場合には確率 $1-p$ で状態は $(i, j-1)$ に変わる．このことから **2 重**指数の差分方程式

$$\mathrm{tt}(i, j) = p\,\mathrm{tt}(i-1, j) + (1-p)\,\mathrm{tt}(i, j-1)$$

が得られる．この時点で，このような状態遷移問題を扱うための，ロシアの数学者アンドレイ・マルコフ (1856–1922) にちなんで**マルコフ連鎖理論**と呼ばれる美しい理論が**存在する**ことを言っておくべきだが，それはここで必要であるよりずっと強力な数学の大道具である．そうする代わりに，上の差分方程式を直接に取り扱って，答の数値を得るようにしよう．

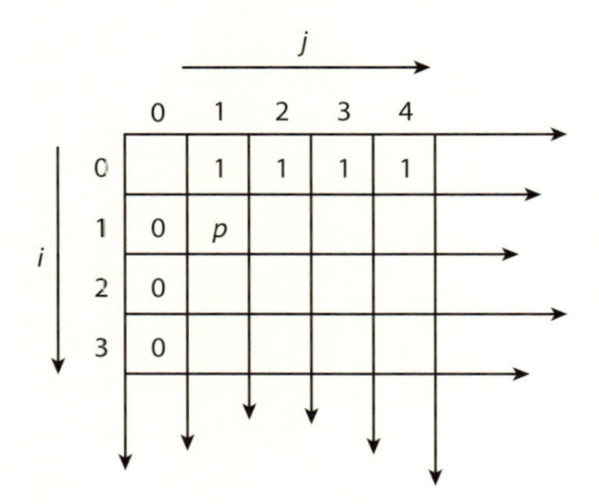

図 **22.1.1**　ピンポンに対する確率状態遷移行列 $\mathrm{tt}(i,j)$

初めに，図 22.1.1 に示したような，$\mathrm{tt}(i,j)$ を行列的な配置で第 i 行第 j 列に置かれているものを考える（この行列を**確率状態遷移行列**と呼ぶ）．最初の行と最初の列（それぞれ $i=0$ と $j=0$ に対応）には上の観察 (1) と (2) での値が入っていることがわかるだろう．さらに，$\mathrm{tt}(1,1)$ に値 p が入っている（理由はすぐに述べる）．さて，$\mathrm{tt}(i,j)$ を差分方程式から直接に求めるには $\mathrm{tt}(i-1,j)$ を得るためにすぐ上の行と，$\mathrm{tt}(i,j-1)$ を得るためにすぐ前の列を参照する必要がある．$j=1$ の行と $i=1$ の列に対しては，第 0 行と第 0 列を見なければいけないのだが，困ったことに，MATLAB® では配列の指数に 0 が使えない．もしも 0 の指数が使えるソフトウェアを持ってるならすぐにもすべて始めることができるけれど，MATLAB® を使うのなら第 1 行と第 1 列はあらかじめ計算しておかないといけない．それからなら，差分方程式を使って状態遷移行列 tt の他のすべての行と列の中身を求めることができる．

第 1 行を計算するには $i=1$ と置いて，

$$\mathrm{tt}(1,j) = p\,\mathrm{tt}(0,j) + (1-p)\,\mathrm{tt}(1,j-1)$$

となるが，考察 (1) を使えば，

$$\mathrm{tt}(1,j) = p + (1-p)\,\mathrm{tt}(1,j-1)$$

となり,

$$\mathrm{tt}(1,1) = p + (1-p)\,\mathrm{tt}(1,0) = p$$
$$\mathrm{tt}(1,2) = p + (1-p)\,\mathrm{tt}(1,1) = p + (1-p)p$$
$$\mathrm{tt}(1,3) = p + (1-p)\,\mathrm{tt}(1,2) = p + (1-p)p + (1-p)^2 p$$
$$\mathrm{tt}(1,4) = p + (1-p)\,\mathrm{tt}(1,3) = p + (1-p)p + (1-p)^2 p + (1-p)^3 p$$

などとなる. 明らかに, 一般には

$$\mathrm{tt}(1,j) = p[1 + (1-p) + (1-p)^2 + \cdots + (1-p)^{j-1}]$$

となり, カッコの中は等比数列の和だから

$$\mathrm{tt}(1,j) = 1 - (1-p)^j$$

となる. 特に,

$$\mathrm{tt}(1,1) = 1 - (1-p) = p$$

となり, 図 22.1.1 に示したようになっている.

第 1 列を計算するには, $j = 1$ と置いて,

$$\mathrm{tt}(i,1) = p\,\mathrm{tt}(i-1,1) + (1-p)\,\mathrm{tt}(i,0)$$

となるが, 考察 (2) を使えば,

$$\mathrm{tt}(i,1) = p\,\mathrm{tt}(i-1,1)$$

となる. こうして,

$$\mathrm{tt}(1,1) = p\,\mathrm{tt}(0,1) = p \quad \text{(すでにわかっているもの)}$$
$$\mathrm{tt}(1,2) = p\,\mathrm{tt}(1,1) = p^2$$
$$\mathrm{tt}(1,3) = p\,\mathrm{tt}(2,2) = p^3$$

などとなり, 明らかに,

$$\mathrm{tt}(i,1) = p^i$$

となる.

コード **pp.m**（pp はピンポン (Ping-Pong) を表している）は最初，行列 tt の第1行と第1列にあらかじめ計算したものを入れて，それから差分方程式を使って残りのすべての成分を計算していくものである [2]．次の表は計算結果を表したものである．

p：P がポイントを取る確率	tt(11, 11)：P がゲームに勝つ確率
0.3	0.0264
0.35	0.0772
0.4	0.1744
0.45	0.3210
0.46	0.3551
0.47	0.3903
0.48	0.4264
0.49	0.4630
0.50	0.5
0.51	0.5370
0.52	0.5736
0.53	0.6097
0.54	0.6449
0.55	0.6790
0.6	0.8256
0.65	0.9228
0.7	0.9736

これらの数を加えることで，素早く，コードが正しく機能しているという確信が得られる．つまり，ポイントを得る確率が p のときに P がゲームに勝つ確率は，ポイントを得る確率が $1-p$ のときに P がゲームに勝つ確率を 1 から引いたものになっている [3]．これは，P が勝てば Q は負け，Q が勝てば P は負けるという，P と Q の間の対称性（というか反対称性）から期待され

[2]［訳註］与えてあるコードでは $p = 0.51$ を与えて，それから計算するものになっているが，計算結果を得るには，表にある p の値を手で与えてコードを走らせることになる．

[3]［訳註］表を見て，たとえば，$p = 0.48$ のときの P が勝つ確率 $\mathrm{tt}(11,11) = 0.4264$ と，$p = 0.5$ に関して対称な位置にある $1-p = 1-0.48 = 0.52$ のときの $\mathrm{tt}(11,11) = 0.5736$ を足すと 1 になっている．

る挙動である．P がゲームに勝つ確率は p の値にかなり敏感である．$p < 0.4$ であれば P はほとんどいつも負けるし，$p > 0.6$ であれば P はほとんどいつも勝つ．

pp.m

```
p=0.51;q=1-p;
for j=1:11
    t(1,j)=1-q^j;
    t(j,1)=p^j;
end
for i=2:11
    for j=2:11
        t(i,j)=p*t(i-1,j)+q*t(i,j-1);
    end
end
t(11,11)
```

22.2 スカッシュ数学はもっと難しい！

今度は，スカッシュのゲームに由来する，似ているがずっと多くの計算が要求される問題を考える．スカッシュの得点規則はピンポンと非常によく似ているが，1 つの点だけが違う．2 人のプレイヤー（今度も P と Q とする）には，サーブしたラリーを勝ったときにだけ 1 ポイントの得点が入る．もしサーバーがラリーに勝てば次もサーブを打つことになり，もし負ければ次のサーブは相手がすることになる．スカッシュのゲームは先に 9 ポイントに到達したプレイヤーが勝者となる．この 2 つ目のパズルでは，P と Q の能力は同じであり，どのラリーでも勝つ確率はそれぞれ 1/2 であると仮定する（ただし，ポイントが得られるのはサーバーだったときだけであることを忘れないように）．もしサーバーがラリーを負けたら，サービスは変わるが，両方のプレイヤーの総得点は変わらないままである．

ここで問題．最初にサービスをするプレイヤーにはどれくらい多くの有利さがあるか？

この問題はピンポンのときにしたのとほとんど同じように数学的な設定ができるが，今度はサービスの交代を勘定に入れないといけない．それをするために，以前使った状態に対する同じ定義に基づいて，**2** つの状態遷移行列を

$$\mathrm{ps}(i,j) = \text{状態 } (i,j) \text{ から P がサーブして P が勝つ確率}$$
$$\mathrm{qs}(i,j) = \text{状態 } (i,j) \text{ から Q がサーブして P が勝つ確率}$$

と定義する．

今度は，状態 (i,j) のときに誰がラリーに勝つかによってゲーム状態がどのように変わるかということに関して，ピンポンのときに使ったの同じ議論を使って，**2** つの 2 重指数の差分方程式

$$\mathrm{ps}(i,j) = \frac{1}{2}\mathrm{ps}(i-1,j) + \frac{1}{2}\mathrm{qs}(i,j)$$
$$\mathrm{qs}(i,j) = \frac{1}{2}\mathrm{ps}(i,j) + \frac{1}{2}\mathrm{qs}(i,j-1)$$

が得られる．問題に答えるために必要なことは $\mathrm{ps}(9,9)$ と $\mathrm{qs}(9,9)$ を比較することである．そうではあるが，この 2 つの差分方程式は絡み合っている．この問題は明らかにピンポンのものよりもずっと複雑である．

ピンポンの解析でしたように，いくつか予備的な考察をすることができる．

(1) $\mathrm{ps}(0,j) = 1 \quad (1 \le j \le 9)$

(2) $\mathrm{qs}(0,j) = 1 \quad (1 \le j \le 9)$

(3) $\mathrm{ps}(i,0) = 0 \quad (1 \le j \le 9)$

(4) $\mathrm{qs}(i,0) = 0 \quad (1 \le j \le 9)$

(5) $\mathrm{ps}(0,0)$ と $\mathrm{qs}(0,0)$ には意味がない

図 22.2.1 に ps と qs の両方の確率状態遷移行列の構造を示したが，上からの考察を使って，それぞれの行列での第 0 行と第 0 列の値と一緒に $(1,1)$ 成分の値が入っていることがわかる．さて，それぞれの行列の $(1,1)$ の確率と，第 1 行と第 1 列のほかのすべての成分の計算の仕方を述べることにしよう．

行列 ps と行列 qs の第 1 列の値を計算するために，$j=1$ と置くと，

$$\mathrm{ps}(i,1) = \frac{1}{2}\mathrm{ps}(i-1,1) + \frac{1}{2}\mathrm{qs}(i,1)$$
$$\mathrm{qs}(i,1) = \frac{1}{2}\mathrm{ps}(i,1) + \frac{1}{2}\mathrm{qs}(i,0) = \frac{1}{2}\mathrm{ps}(i,1)$$

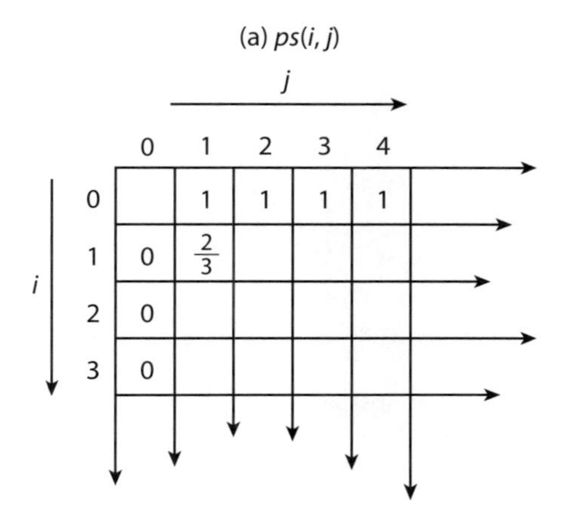

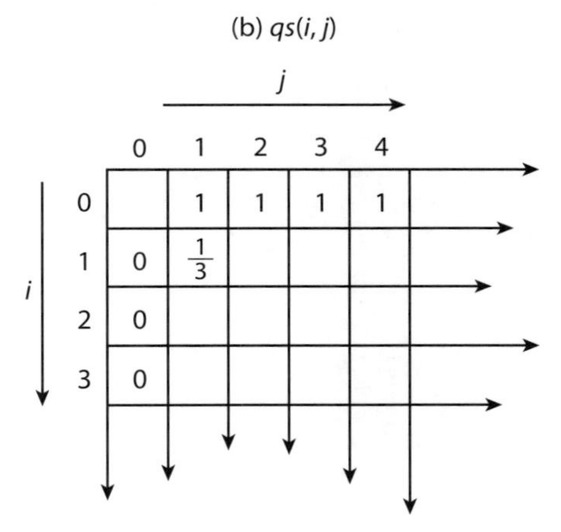

図 22.2.1　スカッシュに対する 2 つの確率状態遷移行列

となる．こうして，

$$\mathrm{ps}(i,1)=\frac{1}{2}\mathrm{ps}(i-1,1)+\frac{1}{2}\left[\frac{1}{2}\mathrm{ps}(i,1)\right]=\frac{1}{2}\mathrm{ps}(i-1,1)+\frac{1}{4}\mathrm{ps}(i,1)$$

となって，

$$\frac{3}{4}\mathrm{ps}(i,1)=\frac{1}{2}\mathrm{ps}(i-1,1)$$

となるから

$$\mathrm{ps}(i,1)=\frac{2}{3}\mathrm{ps}(i-1,1)$$

となる．こうして，

$$\mathrm{ps}(1,1) = \frac{2}{3}\mathrm{ps}(0,1) = \frac{2}{3}$$

であり，

$$\mathrm{qs}(1,1) = \frac{1}{2}\mathrm{ps}(1,1) = \frac{1}{3}$$

となる．$\mathrm{ps}(i,1) = \frac{2}{3}\mathrm{ps}(i-1,1)$ から，

$$\begin{aligned}
\mathrm{ps}(2,1) &= \frac{2}{3}\mathrm{ps}(1,1) = \left(\frac{2}{3}\right)\left(\frac{2}{3}\right) = \left(\frac{2}{3}\right)^2 \\
\mathrm{ps}(3,1) &= \frac{2}{3}\mathrm{ps}(2,1) = \left(\frac{2}{3}\right)^3
\end{aligned}$$

などとなる．一般に，行列 ps の第 1 列は

$$\mathrm{ps}(i,1) = \left(\frac{2}{3}\right)^i$$

となる．そして，$\mathrm{qs}(1,1) = \frac{1}{2}\mathrm{ps}(i,1)$ だから，

$$\mathrm{qs}(i,1) = \frac{1}{2}\left(\frac{2}{3}\right)^i$$

となる．

行列 ps と行列 qs の第 1 行を計算するために，$i = 1$ と置くと，

$$\begin{aligned}
\mathrm{ps}(1,j) &= \frac{1}{2}\mathrm{ps}(0,j) + \frac{1}{2}\mathrm{qs}(1,j) = \frac{1}{2} + \frac{1}{2}\mathrm{qs}(1,j) \\
\mathrm{qs}(1,j) &= \frac{1}{2}\mathrm{ps}(1,j) + \frac{1}{2}\mathrm{qs}(1,j-1)
\end{aligned}$$

となる．こうして，

$$\begin{aligned}
\mathrm{qs}(1,j) &= \frac{1}{2}\left[\frac{1}{2} + \frac{1}{2}\mathrm{qs}(1,j)\right] + \frac{1}{2}\mathrm{qs}(1,j-1) \\
&= \frac{1}{4} + \frac{1}{4}\mathrm{qs}(1,j) + \frac{1}{2}\mathrm{qs}(1,j-1)
\end{aligned}$$

となり，移項して整理すると，

$$\mathrm{qs}(1,j) = \frac{1}{3} + \frac{2}{3}\mathrm{qs}(1,j-1)$$

が得られる．だから，

$$\mathrm{qs}(1,1) = \frac{1}{3} + \frac{2}{3}\mathrm{qs}(1,0) = \frac{1}{3}$$

とすでに得られたものとなり（しかし，一致したのはいいことである！），

$$\mathrm{qs}(1,2)=\frac{1}{3}+\frac{2}{3}\mathrm{qs}(1,1)=\frac{1}{3}+\left(\frac{2}{3}\right)\left(\frac{1}{3}\right)$$
$$\mathrm{qs}(1,3)=\frac{1}{3}+\frac{2}{3}\mathrm{qs}(1,2)=\frac{1}{3}+\left(\frac{2}{3}\right)\left(\frac{1}{3}\right)+\left(\frac{2}{3}\right)^2\left(\frac{1}{3}\right)$$

などとなり，一般には

$$\mathrm{qs}(1,j)=\frac{1}{3}\left[1+\frac{2}{3}+\left(\frac{2}{3}\right)^2+\cdots+\left(\frac{2}{3}\right)^{j-1}\right]$$

となるので，等比級数であることに気づけば（ちょっとした計算の後）

$$\mathrm{qs}(1,j)=1-\left(\frac{2}{3}\right)^j$$

となる．

そして最後に，$\mathrm{ps}(1,j)=\frac{1}{2}+\frac{1}{2}\mathrm{qs}(1,j)$ であるから，

$$\mathrm{ps}(1,j)=\frac{1}{2}+\frac{1}{2}-\frac{1}{2}\left(\frac{2}{3}\right)^j$$

となり，

$$\mathrm{ps}(1,j)=1-\frac{1}{2}\left(\frac{2}{3}\right)^j$$

となる．

このコーディングの前の解析（覚えていると思うけれど，MATLAB® が行列配列の指数に 0 を認めないことから起きたことであるが）はピンポンのときよりちょっと面倒なだけだった！ そうではあるが，まだコードを書くわけにはいかず，まだ 1 つやっておかないといけないことがある．どちらの行列の成分を計算するときにも，コードはすでに計算した成分の値だけを使うべきであるが（これは明らかであると思う！），ps と qs に対する差分方程式にこの得点に関する問題があるというのは，$\mathrm{ps}(i,j)$ は $\mathrm{qs}(i,j)$ を使っているし，$\mathrm{qs}(i,j)$ は $\mathrm{ps}(i,j)$ を使っている．行列はそれぞれ他方の行列を使っていて,「靴のつまみ革（ブートストラップ）を引っ張って自分を持ち上げる」というパラドックスに似た感じになる！

この鶏と卵のジレンマを逃れる方法は ps と qs のうちの **1 つ**をすでに計算されている値**だけ**を使って表わしてそれを計算し，それからもう一方を計算

することである．ps に対してこれをやってみよう．こうして，

$$\begin{aligned}\mathrm{ps}(i,j) &= \frac{1}{2}\mathrm{ps}(i-1,j) + \frac{1}{2}\left[\frac{1}{2}\mathrm{ps}(i,j) + \frac{1}{2}\mathrm{qs}(i,j-1)\right] \\ &= \frac{1}{2}\mathrm{ps}(i-1,j) + \frac{1}{4}\mathrm{ps}(i,j) + \frac{1}{4}\mathrm{qs}(i,j-1)\end{aligned}$$

となり，だから

$$\frac{3}{4}\mathrm{ps}(i,j) = \frac{1}{2}\mathrm{ps}(i-1,j) + \frac{1}{4}\mathrm{qs}(i,j-1)$$

となる．これから

$$\mathrm{ps}(i,j) = \frac{2}{3}\mathrm{ps}(i-1,j) + \frac{1}{3}\mathrm{qs}(i,j-1)$$

が得られるが，$\mathrm{ps}(i,j)$ を計算するための右辺は既に定まっている ps と qs の値しか使っていない．**それから**，$\mathrm{qs}(i,j)$ は計算される．

コード **squash.m** は $\mathrm{ps}(i,j)$ に対する等式と，元の $\mathrm{qs}(i,j)$ の等式を使って（コーディングの前の第1行と第1列の結果と同じように），P が先にサーブするときの $\mathrm{ps}(9,9)$ と Q が先にサーブするときの $\mathrm{qs}(9,9)$ を計算するものである．コードを走らせると，$\mathrm{ps}(9,9) = 0.534863456\ldots$ と $\mathrm{qs}(9,9) = 0.465136543\ldots$ が得られる．（この2つの P が勝つ確率を足すと1になるという事実はコードが正しく働いていることを示唆している．**なぜか**わかりますか？　この解析では P と Q が同じ能力であることを忘れないように．）先にサーブすると P は確かに有利である，つまり，負けるよりもはっきり多く勝つのである．ここで使ったよりもはるかに強力な解析的な手段に訴えれば，$\mathrm{ps}(9,9)$ に対する厳密な答

$$\frac{7674706}{14348907} = 0.534863456\ldots$$

を示すことができる．これはまさに **squash.m** が教えてくれるものである．

---

squash.m

```
r=2/3;
for i=1:9
    ps(i,1)=r^i;
    qs(i,1)=ps(i,1)/2;
    qs(1,i)=1-ps(i,1);
```

```
    ps(1,i)=1-qs(i,1);
end
for i=2:9
    for j=2:9
        ps(i,j)=r*(ps(i-1,j)+qs(i,j-1)/2);
        qs(i,j)=0.5*(ps(i,j)+qs(i,j-1));
    end
end
ps(9,9)
qs(9,9)
```

第23章 10年経っても生きてるだろうか？

23.1 問題

人は歳を重ねるにつれ，表題の質問への関心が高まっていく．現実的な答は,「誰にわかるんだ？」とか「多分そうだろうが，そうでないかもしれない」とか「そうだ，神様のおぼしめしのままさ」というようなものである．もちろんそれでは納得できるものではないだろう．少なくとも，今から10年間生きていられる確率を計算することはできないだろうか？　その問題に対する答えははっきりと**できる**というもので，インターネットからすぐに得られるような情報を使って読者自身でも答えることができる．必要なものは年齢（もちろんご存じだろうが）と，特定の状況（人種，性別などきっと知っているはずのもの）に対するいわゆる**平均余命表**だけである．

余命表は，あらゆる年齢で，それから何年生きることが期待できるかを示したものである.（たとえば，アメリカ社会保障庁のホームページを参照のこと．そこでは性別と誕生日で指数づけられた余命が計算できる．統計学者は**コホート**（同齢集団）と呼んでいる.）

自然なことだが，歳を重ねていくにつれ，余命はだんだんと少なくなっていく．少なくともそれは人類が普遍的に経験してきたことで，これまでに例外が観測されたことはない．たとえば，現在50歳の人に30年の余命があったとすれば，51歳になった時には余命は29.5年しかないということにもなるだろう．この種の表はタイトルの質問に直接的に答えるものではないけれど，間接的には答えを含んでおり，これから示すのは，そのような表からあなたがあと 10 年（またはほかのお好きな年だけ）生きる確率を引き出す方法である．

23.2　理論的解析

$p(x)$ を，現在生きている人が（今を時刻 0 として）今から x 年生きている確率とする．ここで，$p(0)=1$ である．(冒頭の質問は「$p(10)$ はいくつか」ということになる.）すると，$p(x+\Delta x)$ は人が今から $x+\Delta x$ 年生きる確率となるので（ここで $\Delta x \sim 0$ とする），$p(x)-p(x+\Delta x)$ は，人が今から x 年から $x+\Delta x$ 年までの期間に死ぬ確率になる．だから，**現在**のところ，人は $p(x)-p(x+\Delta x)$ の確率であと x 年生きられるわけで，残された寿命の平均，もしくは**期待**年数 ϕ は積 $x[p(x)-p(x+\Delta x)]$ をすべての x にわたって積分することによって得られる．つまり，

$$\phi = \int_0^\infty x[p(x)-p(x+\Delta x)]\,dx$$

である．

$$p(x)-p(x+\Delta x) = \frac{p(x)-p(x+\Delta x)}{\Delta x}\Delta x$$

であるから，$\Delta x \to 0$ とすれば，

$$\frac{dp}{dx} = \lim_{\Delta x \to 0} \frac{p(x+\Delta x)-p(x)}{\Delta x}$$

となるので，

$$\phi = \int_0^\infty x\left\{-\frac{dp}{dx}\right\}dx = -\int_0^\infty x\,dp$$

となる．

よく知られた部分積分の公式

$$\int_0^\infty u\,dv = [uv]_0^\infty - \int_0^\infty v\,du$$

で，$u=x$（だから $du=dx$）かつ $dv=dp$（だから $v=p$）と置く．そのとき，

$$\phi = -\left([xp(x)]_0^\infty - \int_0^\infty p(x)\,dx\right)$$

となる．$p(x) = 0$ となるとき，x はある**有限**の値（200年以下であることは確実）なので，$\lim_{x\to\infty} xp(x) = 0$ であるから[1]，**今**から生きる残された期待年は

$$\phi = \int_0^\infty p(x)\,dx$$

となる．

もし，**今** $(x = 0)$ から少し先 $(x > 0)$ に進めば，残された生存期待年数は，さらに一般に，上の積分の下端を新しい**今**である x に変えた上の積分によって計算されることになる．つまり，u を積分のダミー変数として

$$\phi(x) = \int_x^\infty p(u)\,du$$

となる．ϕ に対する最初の積分表示は $\phi(0)$ ということになる．

これまでにわかっているのはこういうことである．**現在**生きている人は確率 $p(x)$ で**今**から x 年後に生きていて，そのときの余命は $\phi(x)$ であるか，確率 $1 - p(x)$ で**今**から x 年後に死んでいて，(明らかに) そのときの余命は0である．だから，全体の余命はこの2つの可能性の平均であり，

$$p(x)\phi(x) + [1 - p(x)]0 = p(x)\phi(x)$$

で与えられる．しかし，x 歳での余命が $\phi(x)$ であることがわかっているので，

$$p(x)\phi(x) = \phi(x)$$

であるが，これは $p(x) = 1$ という驚くべき解を持つ．何を驚くのかと言えば，$p(x) = 1$ ということはその人がすべての x に対して生きていることを意味する．その人は死なないのである！　ああ，そんなことが起こるのだろうか．数学は素晴らしい，それはそうだが，数学は若さの泉ではない．この解は数学的には正しいが，物理的にはナンセンスでもある（ちょうど高校数学で，バッグの中のリンゴの個数に対する2次方程式を解いたときに，物理的には受け入れられないとして，負の解や複素数解を認めないようなものである）．幸いなことに，$p(x)$ に対するずっと現実的な解がもう1つあるのであ

---

[1]［訳註］$p(x)$ の性質上，ある値 x_0 で $p(x_0) = 0$ となれば，どんな $x \geq x_0$ に対しても $p(x) = 0$ となるから，$\lim_{x\to\infty} xp(x) = 0$ となる．

る．それを求めるために，$p(x)\phi(x) = \phi(x)$ を

$$p(x)\phi(x) = \int_x^{\infty} p(u)\,du$$

のように書く．これは数学者が**積分方程式**と呼ぶもので，未知関数が積分の中と外の両方に現れている．このような方程式を解くことは非常に厄介なことになりがちで，しばしば強力で高度な技法が必要となるのだが，幸運なことにこの積分方程式には美しく古典的な解法がある．次に述べることは，$p(x)$ を $\phi(x)$（その値は余命表の中に書かれている）の関数として求めるために，上の積分方程式をどのようにほぐしていくのかということである．

まず，

$$\frac{1}{\phi(x)} = \frac{p(x)}{\int_x^{\infty} p(u)\,du}$$

と書いてみると，$P(u)$ を $p(u)$ の原始関数とすれば，

$$\boldsymbol{\frac{1}{\phi(x)} = \frac{p(x)}{P(\infty) - P(x)}} \tag{1}$$

となる．両辺を積分すると，

$$\int_0^x \frac{du}{\phi(u)} = \int_0^x \frac{p(u)}{P(\infty) - P(u)} du$$

となる．次に

$$g(u) = P(\infty) - P(u)$$

と変数を変えると，$p(u)$ が $P(u)$ の導関数であるので

$$\frac{dg}{du} = -p(u)$$

となり，だから

$$du = -\frac{dg}{p(u)}$$

となる．こうして，

$$\begin{aligned}\int_x^{\infty} \frac{du}{\phi(u)} &= \int_{P(\infty)-P(x)}^{P(\infty)-P(0)} \frac{p(u)}{g(u)} \left\{-\frac{dg}{p(u)}\right\} = -\int_{P(\infty)-P(x)}^{P(\infty)-P(0)} \frac{dg}{g} \\ &= -[\log\{g\}]_{P(\infty)-P(x)}^{P(\infty)-P(0)} = -\log\left\{\frac{P(\infty)-P(x)}{P(\infty)-P(0)}\right\}\end{aligned}$$

となる．さて，$P(\infty)$ と $P(0)$ が何であれ，それらは**定数**であるので，$c = P(\infty) - P(0)$ と書けば，

$$\int_0^x \frac{du}{\phi(u)} = \log\left\{\frac{c}{P(\infty) - P(x)}\right\}$$

となる．

等式 (1) に戻れば，$P(\infty) - P(x) = p(x)\phi(x)$ であるので，

$$\int_0^x \frac{du}{\phi(u)} = \log\left\{\frac{c}{p(x)\phi(x)}\right\}$$

となる．$p(0) = 1$ であるから，

$$\int_0^0 \frac{du}{\phi(u)} = 0 = \log\left\{\frac{c}{\phi(0)}\right\}$$

となって，$c = \phi(0)$ であることがわかる．だから，

$$\int_0^x \frac{du}{\phi(u)} = \log\left\{\frac{\phi(0)}{p(x)\phi(x)}\right\} = \log\{\phi(0)\} - \log\{\phi(x)\} - \log\{p(x)\}$$

となって，結局

$$\boldsymbol{\log\{p(x)\} = \log\{\phi(0)\} - \log\{\phi(x)\} - \int_0^x \frac{du}{\phi(u)}} \qquad (2)$$

となる．

この結果を実際の計算でどう使うかを見るために，(説明のためだけに) 次のような，ある歳 (now) の人の次の 10 年間の余命表があったとする．

年　齢	余　命
now	$20.3 = \phi(0)$
$now + 1$	19.5
$now + 2$	18.9
$now + 3$	18.2
$now + 4$	17.6
$now + 5$	16.9
$now + 6$	16.2
$now + 7$	15.6
$now + 8$	15.0
$now + 9$	14.4
$now + 10$	$13.8 = \phi(10)$

ついに，冒頭の問題「$p(10)$ はいくつか」に答えることができるようになった．$p(10)$ はこの人が今から 10 年後に生きている確率である．等式 (2) から

$$\log\{p(10)\} = \log\{20.3\} - \log\{13.8\} - \int_0^{10} \frac{du}{\phi(u)}$$
$$= 3.010062 - 2.62467 - \int_0^{10} \frac{du}{\phi(u)} = 0.38595 - \int_0^{10} \frac{du}{\phi(u)}$$

となる．

積分の値を求めるために，(1743 年に論文を書いたイギリスの数学者トーマス・シンプソン (1710–1761) にちなんで）**シンプソン法**と呼ばれる数値解析の手法を使う．これはきわめて精確な方法である．どのようなものかを説明しよう．$\int_a^b f(u)\,du$ を評価するとき，区間 (a,b) を等間隔に偶数個の幅 h の部分区間に分割する．そうすると，

$$\int_a^b f(u)\,du \approx \frac{h}{3}[f(a) + 4f(a+h) + 2f(a+2h) + 4f(a+3h)$$
$$+ 2f(a+4h) + \cdots + 2f(b-2h) + 4f(b-h) + f(b)]$$

となる（よい微積分の教科書を参照のこと）．上の問題では $a = 0$, $b = 10$, $h = 1$（部分区間は 10 個でそれぞれが 1 年の間隔）で，$f(u) = 1/\phi(u)$ とする．次の表に示すように，算術計算を並べることによって，体系的に数値計算をすることができる．

時　間	ϕ	$1/\phi$	重み因子	積
now	20.3	0.04926	1	0.04926
$now+1$	19.5	0.05128	4	0.20512
$now+2$	18.9	0.05291	2	0.10582
$now+3$	18.2	0.05494	4	0.21976
$now+4$	17.6	0.05682	2	0.11364
$now+5$	16.9	0.05917	4	0.23668
$now+6$	16.2	0.06173	2	0.12346
$now+7$	15.6	0.06410	4	0.25640
$now+8$	15.0	0.06667	2	0.13334
$now+9$	14.4	0.06944	4	0.27776
$now+10$	13.8	0.07246	1	0.07246

一番右の列のすべての積の和は1.7937であり，$h/3 = 1/3$ だから，

$$\int_0^{10} \frac{du}{\phi(u)} \approx 0.5979$$

となるので，

$$\log\{p(10)\} = 0.38595 - 0.5979 = -0.21195$$

となる．

こうして，この人が今から10年間生きている確率は

$$p(10) = e^{-0.21195} = 0.809$$

となる．**わかってみれば**，簡単なことである．

第24章 箱の中の鶏

24.1　問題

本書をマリリン・ヴォス・サヴァントの数学に関するたくさんのコメント（大部分は不幸なものだった [1]）から始めたので，対称性のためだけとしても，彼女の別のパズルで終わりにするのが良いように思われる．だから，本書の最後の**解決済み**の問題 [2] を 2002 年 8 月 4 日付の雑誌『パレード』の中の彼女のコラムから採り上げる．そこで彼女は読者からの次の問題を活字にしている．

> ゲーム・ショーに出演しているとしよう．以下の様なLの形に配置された 4 つの箱があるとする．

[1]［原註］本書は確率の本なので，確率数学に関するヴォス・サヴァントのしばしば奇妙なアプローチについてはコメントするに留めることにする．しかし，ときおり彼女の数理物理にも少し危なっかしいところがあることに気づいてきた．たとえば，彼女の箱のなかの鶏コラムでの本章の問題のすぐ次の問題は，3 重の虹の実在（または非実在）に関する別の読者の質問からのものである．ヴォス・サヴァントはそのような現象が実際に存在すると正しく答えてはいるのだが，それからその虹を空の間違った場所に置いた！　彼女は第 3 の虹を主虹・副虹のすぐ上に置いたのだが，実際に地上の観測者が正しい方向で見ようとすれば主虹・副虹から**離れ，向きを変え**ないといけない．主虹と高次の虹の背後にある数理物理学については私の本『最大値と最小値の数学』（細川尋史訳，シュプリンガー数学リーディングス，丸善出版．原著は *When Least Is Best* (Princeton 2007)）の 5.8 節で見つけることができる．

[2]［訳註］第 1 章から第 24 章までは本文の中で解決しているが，第 25 章は未解決の問題を述べている．

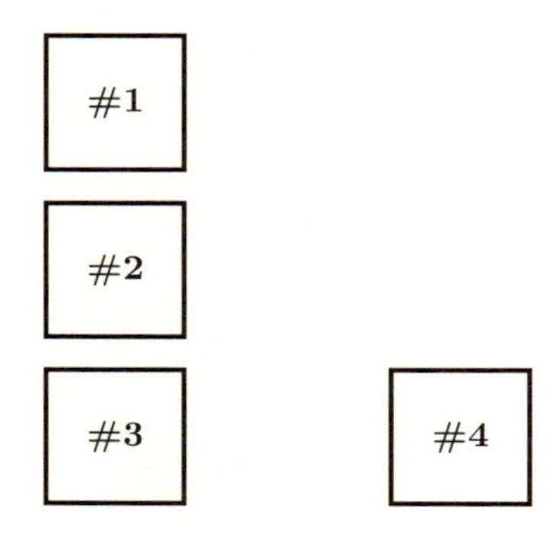

司会者がこう言う．

(1) 縦の箱の中の 1 つに 1 羽の鶏がいて，

(2) 横の箱の中の 1 つに 1 羽の鶏がいる．

角にある箱の中に鶏がいるという可能性はどれくらいか？　一方から言えば可能性は 3 分の 1 だが，もう一方からは可能性は 2 分の 1 であるように見える．両方とも正しいことはありえない！

ヴォス・サヴァントは次のように書いて，それにちょっとした挑戦をした．「読者の皆さん，答は何でしょう？……そして，鶏がいるのはどの箱が一番可能性が高いでしょうか？　両方の質問に正しく答えた最初の手紙を掲載します.」

そうなんだ，**これ**に抵抗することが誰にできるだろう．すぐに解答を手にしたのだが，わざわざ送ることはしなかった．他の読者がたくさんそうするだろうと思ったのである．単に解答をファイルの中に綴じ込んで忘れてしまい，この本を書き始めた後になってそのことを思い出した．どうやら，他の誰も何も送らなかったようだったが，かなりしっかり探したのだが，私が知っている限り，ヴォス・サヴァントは箱のなかの鶏についてはあれ以上何も書いていないようである．

この問題は，**数え上げ**という著名な技法を使って 2 分ほどで解くことができるようなものである．数え上げを，子供だけがすることだとして，はねつけてはいけない．以前に，推移的でないビンゴ・カードを扱った問題ではそのアプローチを使ったことを思い出してほしい．よい確率の問題を単純に数え上げることで解くことができるなら，何よりも先にありがたいと思うべきである．実際，数え上げるだけのパズルでもあるような，古典的な興味深い確率の問題が他にもたくさんあるのである．だから，箱のなかの鶏の解答を示す前に，難しくなる順に，数え上げアプローチを説明してみよう（数えたら 5 通りあった！）．

(1) 男女の出生率が同じであると仮定して，子供が 2 人の家族を考える．年長の子供が男であることが知らされているとき，子供 2 人が男である確率はいくつか？　少なくとも 1 人が男の子であることが知らされているとき，子供 2 人が男である確率はいくつか？　この問題の不思議さは，ちょっと考えたときには，この 2 つの条件の違いがわかりにくいという点にある．2 つとも本質的に同じ情報を与えているように見える．それでも，この 2 つの問題の解答はまったく異なるのである．それを説明しよう．可能性が同じ，2 人の子供を持つ 4 家族を示した表を作る．

年長児	年少児
女児	女児
女児	男児
男児	女児
男児	男児

年長児が男であることが知らされているなら，可能なのは最後の 2 行の家族だけであることがわかる．この行のうち 1 つ（最後の行）だけで 2 人共男児であるのだから，(与えられた条件で）男児が 2 人である確率は 1/2 である．少なくとも 1 人が男児であることが知らされているなら，可能なのは最後の 3 行の家族だけであることがわかる．この行のうち 1 つ（最後の行）だけで 2 人共男児であるのだから，(与えられた条件で）男児が 2 人である確率は 1/3 である．

(2) 大きな広口瓶に 1 セント銅貨が入っている．個数はわからない．そこから 60 個の銅貨を取り出して，赤ペンキをちょっとつけてから瓶に戻す．瓶を激しく振ってから，交換せず，無作為に 100 個の銅貨を取り出す．取り出した銅貨のうち 15 個に赤ペンキがついているなら，瓶の中には元々いくつの銅貨があったのだろうか？　これは単なる馬鹿げたゲームに見えるかもしれないが，瓶を「湖」に銅貨を「魚」に代えると，湖の中の魚の個体数の大きさを見積もるのに使われる，非常に巧妙な「再捕獲法」と呼ばれる方法がある．

さて，この方法はどのように働くのだろうか？　瓶の中の60個のペンキのついた銅貨全体から15個の赤い銅貨を得たということは，赤い銅貨の4分の1を取り出したということである．だから，同じように取り出した85個のペンキのついていない銅貨がペンキについてない銅貨の大体4分の1であることが期待される．つまり，ペンキのついていない銅貨は大体340個あったことになる．60個のペンキのついた60個の銅貨と合わせると，瓶の中にはもともと大体400個の銅貨があったと見積もるのは無理のないところである．

(3) あなたの前のテーブルの上に4枚のカードがあり，それぞれ色のついた面が伏せてある．面のうち2つが黒で，2つが白である．2つのカードを無作為に取って裏返したとき，同じ色である確率はいくつだろうか？　ほとんどの人はすぐに1/2と答えるが，直観的にはそうであっても，その答は間違っている．なぜかを説明しよう．最初に選んだカードを裏返すと，それは黒か白かである．黒だったとしよう．ということは，1枚が黒で2枚が白の3枚のカードが伏せられたままである．残りの黒のカードを取る確率は1/3である．一方もし最初に選んだカードが白であれば，1枚が白で2枚が黒の3枚のカードが伏せられたままになる．残りの白のカードを取る確率は1/3である．これらの可能性が起こる確率はそれぞれ1/2だから，答は$(1/2)(1/3)+(1/2)(1/3)=1/3$となる．

(4) まえがきで述べた帽子を照合する問題を思い起こそう．箱の中にN個($N=2,3,4$)の帽子があるとする．この3つそれぞれの場合に，少なくとも一人の人が自分の帽子をとる厳密な確率を求めよ．この問題に答えるためにしなければいけないことは，最初のN個の正の整数のすべての$N!$個の順列を書き下し，（左から数えて）j番目の位置にj番目の数がくることが少なくとも1回あるのがどれだけあるかを数えることである．たとえば$N=2$であれば，順列は1,2と2,1の2つである．1つ目には2つ照合し，2つ目には1つもない．だから，$N=2$に対する確率は1/2である．$N=3$に対しては，6つの順列があり，そのうち4つには少なくとも1つの照合がある（自分で確かめてほしい）．だから，$N=3$の場合の確率は$4/6=2/3$である．もしこれを$N=4$に対して行えば，24の順列のうち少なくとも1つ照合があるのは15個となるので，確率は$15/24=5/8$である．$N=4$の先へ行くと，これはかなり面倒になる．任意のNに対する厳密な理論値は$1-1/2!+1/3!-\cdots\pm 1/N!$である．$N\to\infty$とすると（まえがきでの例での百万の人と帽子のように），これは，まえがきで与えた値 $1-e^{-1}\approx 0.632$ のベキ級数展開になる．

(5) 最後の数え上げ問題は古いもので，ルイス・キャロルの 1890 年の出版の *Pillow Problems and a Tangled Tale* という著書[3] にある問題である．(キャロルの本名はチャールズ・ドジソン (1832–1898) といって，『ふしぎの国のアリス』と『鏡の国のアリス』の著者である．) 壺があり，壺の中に 1 つの玉があるが，その玉は黒か白であり，確率は同じであるとする．どちらの色であるかはわかっていない．白い玉を壺の中に落とすと，今度は壺の中に 2 つの玉がある．それから，無作為に，壺の中に手を入れて玉を 1 つ取り出し，見たら白い球だった．壺の中に残っているのも白い玉である確率はいくつか？キャロルはそれが 1/2 であるという以下の間違った「証明」を与えている（彼はそれが間違っていることを知っていて，おふざけをしただけだった）．彼が言うようにしよう．最初に，壺の中にあるのが白い球だった確率は 1/2 である．それから白い玉を入れて，その後，白い玉を取り出す．だから，何も変わっていないわけで，白い玉が壺の中にある確率は 1/2 のままである．どれだけ多くの人びとが実際にこれでいいと考えるのかは驚くほどである．正しく行う方法を述べよう．問題の状況を，壺の中と外に何があるかを記述するものとして定義しよう．最初に，等しく確からしい 2 つの可能な状況がある．

壺の中	壺の外
w_i	w_o
b	w_o

この表の記号は，w_o が元々の外にある白い玉で，b と w_i はそれぞれ壺の中にある可能性のある黒い玉と白い玉である．それから白い玉 w_o を壺の中に入れると，2 つの等しく確からしい可能な状態が得られる．

壺の中	壺の外
w_iw_o	空
bw_o	空

最後に，玉を 1 つ（これが白い玉だと言われている）取り出すと，3 つの

[3] ［訳註］日本語訳が『枕頭問題集』（柳瀬尚紀訳，エピステーメー叢書，朝日出版社，1978 年）と『ルイス・キャロル解読　不思議の国の数学ばなし』（細井勉著訳，日本評論社，2004 年）として出版されている．

等しく確からしい状態が得られる．

壺の中	壺の外
w_i	w_o
w_o	w_i
b	w_o

この 3 つの等しく確からしい状態のうち，2 つの状態では壺の中に残っているのは白い玉で，だから壺に白い玉が残る確率は 2/3 である．

この同じアプローチを使って，ドジソンの問題の次のような一般化に答えることができるようになった．壺には n 個の白い玉か n 個の黒い玉が入っているが，その確率は同じとする．最初に白い玉を壺に入れ，それから無作為に 1 つの玉を取り出すと，それは白い球だった．壺の中に元々あった n 個の玉が白である確率が $(n+1)/(n+2)$ であることを示せ．

ドジソンの問題（とその一般化）におけるさまざまな可能な状態の等しく確からしいということは問題の解析にとって決定的である．しかしときには，「等しく確からしい」ということに関する思い違いが，不注意さに対する落とし穴になり得る．たとえば，ダランベールに対するトドハンターの批判について，まえがきの中で述べたことを思い出してほしい．ダランベールを躓かせた過ちは公平なコインを 2 回投げたときに 1 回表が出る確率の計算でのことだった．彼はそれが 2/3 であると言ったが，現代の確率論の学生はそうではなく，以下のように計算して，答は 3/4 であると言うことだろう．表を H，裏を T と書けば，2 回投げて出るのには HH, HT, TH, TT という 4 つの可能性があり，それぞれの可能性は（公平なコインに対しては）1/4 の等しい確率を持つ．この 4 つの可能性はコインを 2 回投げる実験の標本空間の標本点である．この結果のうちの最初の 3 つでは表が（1 回か 2 回）出ているので，「1 回表が出る」事象の確率は，結果の総数 (4) に対するうまくいった結果の数 (3) の比である．

ダランベールはどうやって 2/3 を得たのだろうか？　彼の主張はこうである．もし最初に投げたときに H が出たら，実験は直ちに終わり，2 回目を投げることはない．こうして可能な結果は H, TH, TT の 3 つしかない．全部で 3 つの結果の中に「うまく行ってる」結果は 2 つだから，答は 2/3 である．ここでの間違いは，この標本空間の標本点が等しく確からしくない，つまり，最初の (H)

の確率は 1/2 で，他の 2 つはそれぞれ確率が 1/4 であることにある．ダランベールが答として書くべきだったのは $\mathrm{Prob(H)}+\mathrm{Prob(TH)}=1/2+1/4=3/4$ である．

さて，数え上げのアプローチをヴォス・サヴァントの箱の中の鶏問題に適用してみよう．

24.2　理論的解析

特定の制約を何か課す前には，4 つの箱には 16 の可能な状態がある．それぞれの箱には，独立に鶏がいるかいないかの可能性があるのである.（「いる」か「いない」かは等しく確からしいと仮定するので，それぞれの確率は 1/2 である.）下の表でこのすべての状態を挙げた．ここで，0 は箱が空であることを意味し，1 は箱の中に鶏がいることを意味する．縦の箱（箱 $1,2,3$）の中に 1 羽の鶏という制約を満たすのは $3,4,5,6,9,10$ 行だけである．水平の箱（箱 $3,4$）の中に 1 羽の鶏という制約を満たすのは $2,3,6,7,10,11,14,15$ 行だけである．両方の制約を満たすのは $3,6,10$ 行だけである．

この 3 行を見ると，隅の箱（箱 3）に鶏がいるのは 1 行だけ（第 3 行）であることがわかるので，隅の箱に鶏がいる確率は 1/3 である．鶏が一番入っている可能性の高い箱はどれかという，ヴォス・サヴァントの追加の質問については，箱 $1,2,3$ はそれぞれ 1 つの行にしか入っていないのだが，箱 4 には 3 行のうちの 2 行で鶏が入っている．だから，中に鶏が入っている可能性が一番あるのは箱 4 である．

状態	箱1	箱2	箱3	箱4
1	0	0	0	0
2	0	0	0	1
3	0	0	1	0
4	0	0	1	1
5	0	1	0	0
6	0	1	0	1
7	0	1	1	0
8	0	1	1	1
9	1	0	0	0
10	1	0	0	1
11	1	0	1	0
12	1	0	1	1
13	1	1	0	0
14	1	1	0	1
15	1	1	1	0
16	1	1	1	1

そして，この劇的な計算が終わったので，解答付きのパズルの本書も終わりである．次のパズルは本書の最後のパズルだが，解答はない．なぜなら，挑戦問題に残しておくからである．もしも解決できたなら，保証付きで有名になれるだろう．しかし，前もって警告しておくけれど，理解はし易いのだが，あなたの前に解こうした人はみな躓（つまず）いたのである．

第25章 ニューカムのパラドックス

25.1 歴史を少し

1950年に，カリフォルニア州サンタモニカにあるランド研究所（RAND Corporation，空軍のシンクタンク）で働いていた数学者メリル・M・フラッド (1908–1991) とメルヴィン・ドレッシャー (1911–1992) は一緒に，それ以来アナリストを悩ませてきているゲーム理論におけるパズル問題を創りだした．最初によく知られた確率論的でない形で述べ，その後本書の最後の章の名前となった形で述べる（そこでは確率が現れてくる）．このパズルには解答はない．それはすでに述べたように，あらゆる人を満足させるアナリストが知られていないからである．それが本書の最後の問題とした理由である！

よく知られた形のフラッド・ドレッシャーのパズルは囚人のジレンマと呼ばれている．その名前をつけたのはアルバート・W・タッカー (1905–1995) というプリンストン大学の数学者である．あなたともう一人が逮捕され，それぞれが2つの罪で告発されているとする．1つは重罪だが，もう1つはそれほどではない罪である．二人とも強く無罪を主張したが，今は別々の独房に入れられ裁判を待っている．二人の間に可能な連絡手段はない．裁判が始まる直前に，地区検事局から検察官があなたの独房にやってきて以下のような提案をした．

二人ともそれほど重くない方の告発を宣告するのには十分な状況証拠がある．どちらもが告白しないとしてもそれぞれ1年間は監獄に入れておけるだけのものである．しかし，あなたが告白すれば，もう一人の人は重い方の罪を宣告されて10年の刑をうけ，あなたは放免される．あなたがもう一人の人も同じ提案をされているのかと訊くとそうだという答えであり，さらに両方ともが告白すればどうなるのかと訊くと，二人とも5年の刑を受けるという答だった．パズルの問題ははっきりしている．どう決断すべきか，つまり，告白すべきか，しないでいるべきか，ということである．

すべての条件をはっきりとさせるために，以下のあなたのさまざまな運命の表が役に立つだろう．

行動	もう一人が告白	もう一人が告白しない
告白する	5年の刑	無罪放免
告白しない	10年の刑	1年の刑

決心をするために，以下の標準的なゲーム理論の議論を使うかもしれない．もう一人の人は告白するかしないかである．一方か他方かの，どちらかというのはあなたが何とかできるようなことではない．だから，彼もしくは彼女が告白すると仮定しよう．もしあなたが告白すれば，5年の刑だし，告白しなければ10年の刑である．明らかに，**もし彼もしくは彼女が告白するなら**，あなたは告白すべきである．しかしあなたの相方が罪を告白しなかったとしよう．もし告白すれば無罪放免，告白しなければ1年の刑である．明らかに，**もし相方が告白しないなら**，あなたは告白すべきである．つまり，相方がどう決断しようともあなたは告白すべきである．あなたにとって，告白することは（ゲーム理論の言葉では）**支配的な決定戦略**であると言われるものである．

しかし，ここに問題がある．明らかに，相方が今あなたがしたのとまったく同じ過程を経て，彼もしくは彼女の選択も告白の支配的決定戦略によって指示されるものになるという結論に至ることもあり得る．すると最終的な結果は二人とも告白して，二人とも5年の刑を受けることになる．パラドックスは，それぞれが完全に合理的な推論を行った結果が最適な解にならないということである．なぜなら，両方ともが沈黙を守り何も言わなかったら，二人ともが1年の刑というずっと楽な宣告を受けていただろうから．哲学者たちは（何十年も）これが本当にパラドックスなのか，それとも単に「思いがけない」ことなのかについて議論してきたし，この問題に関する文献は増えてきて，数年前でさえ，その10年の実刑判決よりも短い期間では，誰も読むことができないだろう，というまでになった．そして，私が書いている今でさえ，さらに大部なものになり続けている．

現在はローレンス・リバモア国立研究所 (Lawrence Livermore National Laboratory, LLNL) である，カリフォルニア州のローレンス放射線研究所の理論物理学者であるウィリアム・ニューカム (1927–1999) は，1960 年に囚人のジレンマについて考えているうちに，さらに人を惑わせるようなパズルを創りだした．ニューカムの問題（今は**ニューカムのパラドックス**と呼ばれている）は囚人のジレンマを調べる助けとするために定式化され，ニューカムのパラドックスは囚人のジレンマを特別な場合として含む一般化であると，今や一般に信じられている．

奇妙なことにニューカム自身はそのパズルについては何も公表していない．その代わりに，最初に活字になったのはハーヴァード大学の哲学者ロバート・ノージック (1938–2002) による 1969 年の論文である．パズルは学者社会の中を口伝えに広まっていったが，ノージックはもっと広い聴衆が必要だと決断したのだ．しかし実際にニューカムのパズルが世界的に有名になったのは，『サイエンティフィック・アメリカン』の 1973 年 7 月号に掲載された，よく知られた通俗の数学随筆家マーティン・ガードナーの「数学ゲーム」というコラムによるものである（1974 年 3 月号に追跡コラムが載った）．それで，これからニューカムのパラドックスを述べる．

知性のある何かで，（これまでのところ）失敗しない正確さで人間の行動を予測する，有限だが長い歴史を持っているものがあなたに近づいてくると考えよう．これまでのところ，間違えたことはなかった．この何かを（ガードナーの例のように）「別の惑星からきた超知性生物とか，あなたの頭脳を精査してあなたの決断について高度に正確な予測をする能力があるスーパー・コンピュータ」と考えてもよい．または，それが好みなら，この何かを神と考えてもよい[1]．この何かがあなたに次のような提案をする．

あなたの前のテーブルの上にあって，あなたが不思議に思っているこの 2

[1]［原註］そのような神秘的な何かの存在をあなたに受け入れさせようとする問題は愚かしいだけだけであり，真面目な意図を持つ人ならほのめかしもしないような（もちろん神学の範囲外の）状況であると考えるなら，それは間違いである．輝かしくオリジナルな著書の中で，政治学者のスティーブン・ブラームスは 2 人ゲームの理論を使って，全知で全能で永遠で理解不能といった属性を持つ「敵対者」との交流をする，普通の人に振る舞いを研究した．つまり，彼が「上級の存在」と呼ぶもの，もしくは，神学的な枠組みで言えば，神に「対してゲームをする」人間の振る舞いを研究したのである．彼の著書 *Superior Beings: If They Exist, How Would We Know?*（上級の存在：もし彼らが存在するならどうやってそれを知るのか？）(Springer-Verlag, 1983) を参照せよ．

つの謎の箱の中身について次の数ヶ月の間にあなたが何をするかを，1週間前に，あるものが予測したと，そのあるものがあなたに言う．箱にはB1とB2というラベルが貼ってあり，あなたは両方の箱の中身を取ることもできるし，B2の箱の中身だけを取ることもできる．選択はまったくあなたの自由である．B1の上面はガラスでその何かがその箱に千ドルを入れるのを**見る**ことができる．B2の上面は不透明で，何であったとしても，中を見ることはできない．しかしながら，**もし**先週，あなたが両方の箱の中身を取るとその何かが予測したのならそれはB2には何も入れないし，**もし**先週，あなたがB2の箱の中身だけを取るとその何かが予測したのならそれは箱B2に百万ドル入れる，とその何かがあなたに言う．

あなたの決断は何？　両方の箱を取るか，B2の箱だけを取るか？　この状況をパラドックスと呼ぶのは，あなたが何をすべきかということに関する，見たところまったく異なる（が，それぞれはっきりと合理的である）2つの方法があるからである．しかし，その2つの方法は反対の結論に導くのである！

25.2　ぶつかる決定原理

推論の最初の筋道は囚人のジレンマの中で使われたものに似たもので，そこでは支配議論であった．そこで行ったように，さまざまな可能な結末の表を，あなたの決断とその何かの予測との関数として作ってみよう．

行動	両方の箱を取ると予測	箱B2だけを取ると予測
両方の箱を取る	千ドル得る	百万千ドル得る
箱B2だけを取る	何も得ない	百万ドル得る

さて，その何かが1週間前に予測をし，その決断に基づいて，箱B2に百万ドルを入れるか入れないかしている（とあなたは考える）．何がなされたのあろうとそれは既になされたことであり，あなたが今決断することによっては変えることができない．上の表から，両方の箱を取るのが支配戦略であるのは明らかである．（その何かがあなたが両方の箱を取ることを予測した場合には）千ドルは何もないより多いし，（その何かがあなたが箱B2しか取らないと予測した場合には）百万千ドルは百万ドルよりも多い．

それは多くの人々にとって，おそらくあなたにとっても，意味のあることだろう．しかし，反対の結論へ導く，もう1つの確率論的な議論がある．それはこのようなものである．我々には，その何かが絶対に誤らないということは**わから**ない．そう，そのものがこれまで間違ったことがないのは正しいが，その実績は有限の長さしかない．だから，その何かが正しい確率を p とすると，これまでのところいつでも正しかったのだから，p が1にかなり近いというのはほとんど確からしいのである（しかし，p が1であるとはわかっていない）．さて，決定理論では，支配戦略原理の他に，もう1つ同じように高く評価されている原理がある．それは**期待効用**戦略と呼ばれるもので，選択によって引き起こされる期待効用を最大にすることによって何をするかを決めるというものである．結果の効用とは単に，結果の確率に結果の価値を掛けたものであり，期待効用はすべての個別効用の和である．

あなたが両方の箱を取ることに決めるとしよう．その何かがあなたがそうするだろうと確率 p で（正しく）予測しただろうし，確率 $1-p$ であなたが箱B2だけを取るだろうと（正しくなく）予測しただろう．だから，両方の箱を取るという選択からくる期待効用は

$$U_{\text{両方}} = 1000p + 1001000(1-p) = 1001000 - 1000000p$$

である．

次に，あなたが箱B2だけを取ることに決めるとしよう．その何かがあなたがそうするだろうと確率 p で（正しく）予測しただろうし，確率 $1-p$ であなたが両方の箱を取るだろうと（正しくなく）予測しただろう．だから，箱B2だけを取るという選択からくる期待効用は

$$U_{B2} = 1000000p + 0(1-p) = 1000000p$$

である．$p \to 1$ なのだから，$U_{\text{両方}} \to 1000$ であるし，一方 $U_{B2} \to 1000000$ であることに注意する．

期待効用原理からは，もしその何かがほとんど常に正しいのなら，箱B2だけを取ると決めるべきだということになる．実際,「ほとんど」というのを非常にゆるく解釈することができるのである．というのは，$p > 0.5005$ であるかぎり（その何かが単にほとんど公平なコインを投げて予測をしてもよいほどである！）$U_{B2} > U_{\text{両方}}$ であり，期待効用原理からは，箱B2だけを取るべきということになる．

今やニューカムのパラドックスの中のパラドックスをはっきりと見ることができると思う．2つの妥当な議論，それぞれ合理的推論の優れた例であるが完全に反対の結論に導くのである．ノージック教授は1969年の論文で次のように書いている．

> 私はこの問題を多くの人に，友人にも講義の学生にも示してみた．どうすべきかは，ほとんどの人にとって，完全にはっきりとしていて，明らかである．難しいのは，これらの人々がこの問題に関してほとんど同じくらいに多数で分かれ，反対の立場の人を単なる愚か者のように考えることである．そのような2つの説得力のある対立する議論が起こると，何をすべきかがわかるという信念に甘んじるのでは十分ではない．一方の議論を大声で時間を掛けて繰り返すだけでも十分ではない．対立する議論を無力化することもしなければならず，尊重される価値を示す力を説得して取り除くべきなのである．

それで，ノージックがこう書いて以来40年以上もの間，論理学者，哲学者，数学者，物理学者，それにごく普通の人々までもが努力し続けていて，喧騒と混乱が今日まで続いている．このパズルの創作者はどういう選択をすべきだと考えているのだろうと，あなたは思うかもしれない．最近の寄稿文[2)]の中で，物理学者グレゴリー・ベンフォード（彼はローレンス研究所でニューカムと同じ研究室で，この問題も有名になるずっと前にしばしば一緒に議論していた）が明かしたことだが，彼がニューカムにこの問題を訊いたとき，答えることを諦め,「私ならB2を取るだろうね．神のごときものと戦ってどうするんだ」と言ったという．これを読んだとき，他の誰もと同じように，ニューカム自身も自分のパズルにどう答えてよいかわからないのだと思った．

この知的な謎々はマーティン・ガードナーに，デンマーク人科学者ピエト・ハイン (1905–1996) の次の短い戯詩の1つを思い出させることになった．

[2)]［原註］デイヴィッド・H・ウォルパート，グレゴリー・ベンフォード「ニューカムのパラドックス講義」*Synthese* 誌（初出はネット），2011年3月16日．この論文にはこの問題についての広範な文献表がある．

人生が，知覚の及ぶ少し先の
2 つの鍵のかかった箱の中にあり，
それぞれの箱の中に他方の鍵があると
わかると思えることがある．

そして，確率パズルの本を締めくくるのにこれより良い一節はないだろう．

挑戦問題の解答

(1) x と y を 2 つの無作為に指定された辺の長さ，$0 < x < 1$, $0 < y < 1$ とする．また，三角不等式（2 点を結ぶ最短の経路が直線に沿ったものであることの高尚な言い方）から $x + y > 1$ となる．もし単位正方形上でこの不等式を描くと（図 S1 で Y から X への対角線の上の三角形領域を定めている），（鈍角と鋭角の）あらゆる可能な三角形は対角線上の三角形 XYZ の点にちょうど対応している．つまり，XYZ はこの問題の標本空間で，面積は 1/2 である．鈍角三角形に対しては，さらに $x^2 + y^2 < 1$，つまり $y < \sqrt{1 - x^2}$ という条件が要求されるが，それは図 S1 の影のついた領域に対応する．影の領域の面積は

$$\int_0^1 \sqrt{1 - x^2}\, dx - \frac{1}{2}$$

である．ここで，第 1 項（積分）は曲線 $y = \sqrt{1 - x^2}$ の下側の単位正方形の部分全体の面積で，第 2 項は単位正方形の対角線の下の三角形（標本空間ではない）の面積である．すると，求める確率は

$$\frac{\text{影の領域の面積}}{\text{標本空間の面積}} = \frac{\int_0^1 \sqrt{1 - x^2}\, dx - \frac{1}{2}}{1/2} = 2\int_0^1 \sqrt{1 - x^2}\, dx - 1$$

$$= 2\left[\frac{x\sqrt{1 - x^2}}{2} + \frac{1}{2}\sin^{-1}(x)\right]_0^1 - 1 = \sin^{-1}(1) - 1 = \frac{\pi}{2} - 1 = 0.5708$$

となる．

コード **obtuse1.m** はこの過程をシミュレーションするものである．x と y

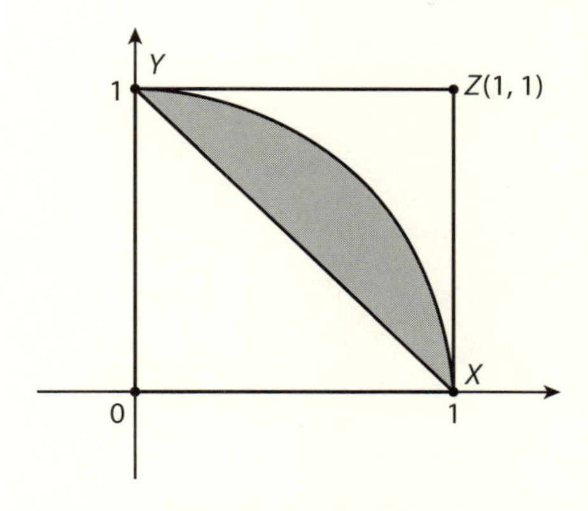

図 **S1**　鈍角三角形に対する標本空間

に 0 から 1 までの値を無作為に与え，もし $x+y>1$ であれば三角形を作り，さらに鈍角三角形である条件を確かめる．これを，一千万個の三角形ができるまで続ける．このコードを何回か走らせたが，鈍角三角形の確率の範囲は 0.5707 から 0.571 となって，かなり良く理論と一致した．

---

obtuse1.m

```
obtuse=0;triangle=0;
while triangle<10000000
    x=rand;y=rand;
    if x+y>1
        triangle=triangle+1;
        if x^2+y^2<1
            obtuse=obtuse+1;
        end
    end
end
obtuse/10000000
```

---

(2) *Gazette* 誌での幾何的な確率解析では，内部の点が正三角形全体の内部にわたって一様に分布していると仮定している．もちろん，そう仮定することは確かにできるのだが，それは問題に述べられていることではない．問題

には単に「棒を落として，3 つに割れる」と言っているだけであり，そのことは上の仮定を導くための十分条件ではない．棒が一番折れやすいのは真ん中で，他の点が折れる確率は棒の中点から遠ざかるにつれて無限に異なる仕方で小さくなっていくと想像するのが自然だろう．問題に述べられていることからわかるのは，固定された和（部分の長さの和）を持つ 3 つの値が得られることだけで，それらがすべて独立であることを意味しない．3 つの値は正三角形の内部の点の位置を一意的に定めるが，三角形の内部にわたって一様であることは，それとはまったく別の，証明を要することなのである．

(3) 三角不等式を，それぞれ $x < y$ と $x > y$ に対する場合 I と場合 II に分けると

$$\begin{aligned} \text{I:} \quad & (x) + (y - x) > 1 - y \\ & (y - x) + (1 - y) > x \\ & (x) + (1 - y) > y - x \end{aligned}$$

$$\begin{aligned} \text{II:} \quad & (y) + (x - y) > 1 - x \\ & (x - y) + (1 - x) > y \\ & (y) + (1 - x) > x - y \end{aligned}$$

となる．これらの不等式は，I に対しては

$$\text{I} : x < \frac{1}{2},\ y > \frac{1}{2},\ y < x + \frac{1}{2}$$

と，II に対しては

$$\text{II} : x > \frac{1}{2},\ y < \frac{1}{2},\ y > x - \frac{1}{2}$$

と書き直される．図 S2 で（問題の標本空間である）単位正方形の上に両方の不等式の組を描くと，集合 I は上方の三角形の影の領域（そこの x と y に対しては割れた部分からそのような三角形ができる）を与えるし，集合 II は下方の三角形の影の領域（そこの x と y に対しては割れた部分からそのような三角形ができる）を与える．

幾何的確率の基本的な仮定を使うと（x と y はともに一様に無作為であるから），

$$\frac{\text{影の領域の全面積}}{\text{標本空間の面積}} = \frac{2(\frac{1}{2} \times \frac{1}{2} \times \frac{1}{2})}{1} = \frac{1}{4}$$

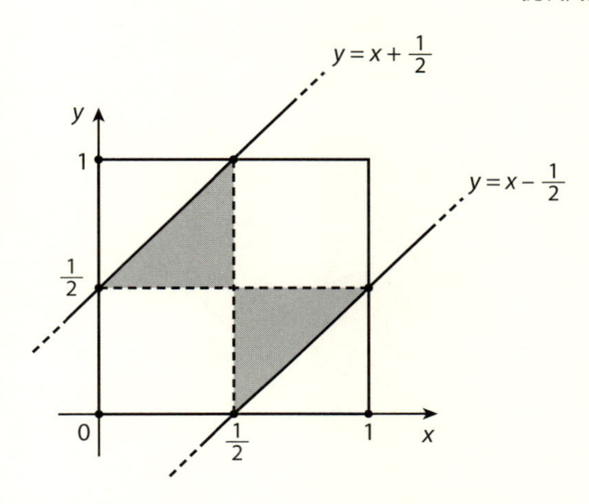

図 S2　割れたガラスの棒に対する標本空間

となる．これは，挑戦問題 2 に対して，**割れ方**の意味にこれ以上のことを与えずに得られる *Mathematical Gazette* 誌の解と同じ答えである．おもしろい！この問題のシミュレーションはやらないが，それは，挑戦問題 4 が，ここでと同じ割り方の手続きを使い，この問題が終わるところから始まるからである．もしここで悪いことがあるのなら，問題 4 のシミュレーションで見ていくことにする．しかし，そこでわかることだが，問題 4 のモンテカルロ・シミュレーションは理論と**極めてよく**一致している．

(4) 長さが $x, y-x, 1-y$ の場合（つまり，前問の不等式集合 I の場合）を考えているとする．鈍角三角形で鈍角になれるのは 1 つの角だけだから，鈍角の対辺に対しては同等に確からしい 3 つの選択がある．その辺の 2 乗は他の 2 辺の 2 乗の和よりも大きくないといけないから，辺の選び方のそれぞれに対して次のようになる

(a) x の対角が鈍角　　$x^2 > (y-x)^2 + (1-y)^2$

(b) $y-x$ の対角が鈍角　　$(y-x)^2 > x^2 + (1-y)^2$

(c) $1-y$ の対角が鈍角　　$(1-y)^2 > (y-x)^2 + x^2$

これらの不等式は直ちに，順に

$$\text{(a) } x > y - 1 + \frac{1}{2y} \quad \text{(b) } y > \frac{1}{2(1-x)} \quad \text{(c) } y < \frac{1-2x^2}{2(1-x)}$$

となる．

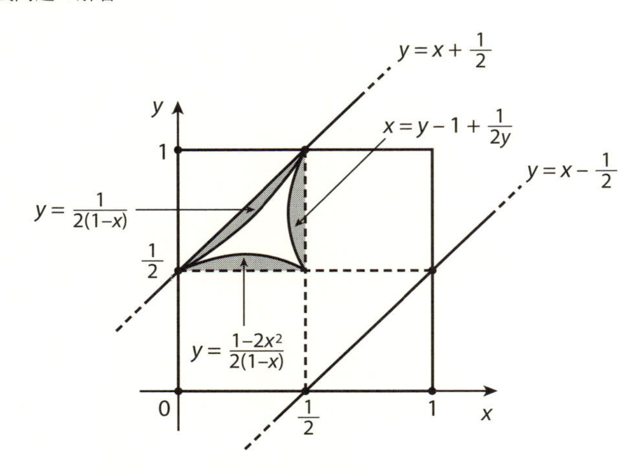

図 S3　割れたガラスの棒に対するもう 1 つの標本空間

この 3 つの不等式は図 S3 の（集合 I が適用される上の三角形の中の）影の領域として示されていて，もし上のことを集合 II に対して行えば,（集合 II が適用される下の三角形の中に）同じような領域がもう 3 つ見つかる．これらの 6 つの領域に付随する全確率が，三角形が与えられたときの**鈍角**三角形になる確率である．たとえば，領域 (b) の面積は

$$\int_0^{1/2}\left\{\left(x+\frac{1}{2}\right)-\frac{1}{2(1-x)}\right\}dx=\frac{3}{8}-\frac{1}{2}\log 2$$

であり,（最初はもしかすると驚くかもしれないが）領域 (c) の面積は

$$\int_0^{1/2}\left\{\frac{1-2x^2}{2(1-x)}-\frac{1}{2}\right\}dx=\frac{3}{8}-\frac{1}{2}\log 2$$

となる．しかし，少し考えれば，これは驚くようなことではない．というのは対称性から 6 つの領域はすべて等しいからであり，それは 3 つの角のどれが鈍角になるかは任意だということである．残っているのはただ，これらの領域がどこも重ならないかどうかである．実際，それらは重ならない（たとえば，$\frac{1}{2(1-x)}=\frac{1-2x^2}{2(1-x)}$ と置いて解くと，これは $x=0$ で**だけ**しか起こらない）．だから，図の中の鈍角三角形を表わす影の領域の面積は $6(\frac{3}{8}-\frac{1}{2}\log 2)$ であり，これを標本空間の面積で割ると,（割れる過程の後で三角形ができた

として）鈍角三角形に対する確率

$$\frac{\frac{18}{8} - 3\log 2}{\frac{1}{4}} = 9 - 12\log 2 = 0.68223\ldots$$

が得られる．

コード **obtuse2.m** はこの過程を，三角形が一千万個作られるまでシミュレーションして，各三角形が鈍角三角形であるかどうかを確かめるものである．数回走らせたら，コードが与えてくれた確率の評価は 0.6819528 から 0.6825122 までの範囲になった．

obtuse2.m

```
obtuse=0;triangle=0;
while triangle<10000000
    x=rand;y=rand;
    if x<y
        s1=x;s2=y-x;s3=1-y;
    else
        s1=y;s2=x-y;s3=1-x;
    end
    if s1<s2+s3&&s2<s1+s3&&s3<s1+s2
        triangle=triangle+1;
        d1=s1^2;d2=s2^2;d3=s3^2;
        if d1>d2+d3||d2>d1+d3||d3>d1+d2
            obtuse=obtuse+1;
        end
    end
end
obtuse/triangle
```

(5) X を最初に割れたときの短い方の部分の長さを表す確率変数とすると，$1-X$ は長い方の部分の長さを表す．Y を，それから $1-X$ の長さの部分が割れてできる一方の部分の長さとする．今や，棒は長さが $X, Y, 1-X-Y$ の 3 つの部分に分かれている．長さ X の部分は 0 から 1/2 までの間に一様かつ無作為であり（1/2 よりも長くなったら，**短い方**の部分が実際には長い方になってしまうから），Y は 0 から $1-X$ までの間に一様かつ無作為である．x と y をそれぞれ，X と Y に対する特殊値とする．そのとき，三角不等式から，三角形が存在するための条件として

$$x+y>1-x-y, \quad x+(1-x-y)>y, \quad y+(1-x-y)>x$$

が要求される．これらは直ちに

$$x+y>\frac{1}{2},\ \frac{1}{2}>y,\ \frac{1}{2}>x$$

に，つまり，$y>1/2-x$, $y<1/2$, $x<1/2$ となる．言い換えれば，三角形が存在するためには，y は区間 $1/2-x<y<1/2$ になければならない．Y は 0 から $1-X$ にわたって一様なので，Y が区間 $1/2-x<y<1/2$ の中のどこかに特殊値 y を持つための**微分**確率 dP は

$$dP=\frac{1/2-(1/2-x)}{1-x}f_X(x)\,dx$$

となる．ここで，$f_X(x)$ は X の確率密度（X が 0 から 1/2 までで一様であるので，これは 2 である）であり，$f_X(x)\,dx$ は X が x から $x+dx$ までの微分区間に特殊値を持つための確率である．だから，Y が区間 $1/2-x<y<1/2$ のどこかに特殊値 y を持つ微分確率は

$$dP=2\frac{x}{1-x}\,dx$$

となる．三角形が存在するための微分確率は，x という X の特殊値に依存する．三角形が存在するための**全**確率は，単に可能なすべての x にわたって dP を積分すればよい．こうして，求めたい確率は（$u=1-x$ に変数変換して）

$$\begin{aligned}P&=2\int_0^{1/2}\frac{x}{1-x}dx=2\int_1^{1/2}\frac{1-u}{u}(-du)=2\int_{1/2}^{1}\left(\frac{1}{u}-1\right)du\\&=2[\log u-u]_{1/2}^{1}=2\log 2-1=0.38629\ldots\end{aligned}$$

となる．

コード **long.m** はこの棒を割る過程を一千万回シミュレーションするもので，数回走らせたところ，確率 P に対して得られた評価は 0.3861520 から 0.3866718 であった．

```
long.m
total=0;
for loop=1:10000000
    x=rand;y=1-x;big=max(x,y);s=min(x,y);
    v=big*rand;u=big-v;
    m=min(u,v);l=max(u,v);
    if s+m>l&&s+l>m&&m+l>s
        total=total+1;
    end
end
total/loop
```

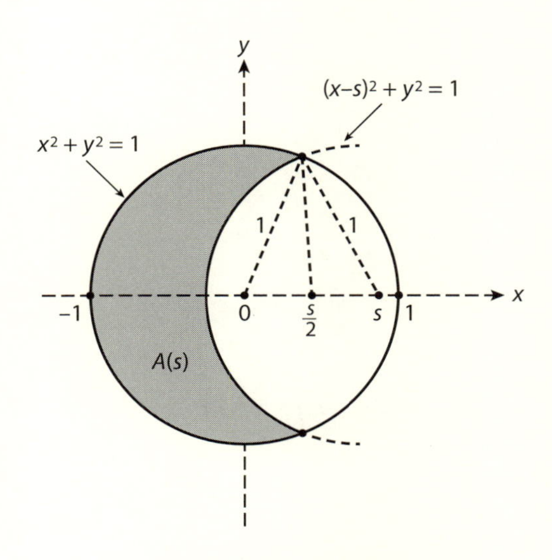

図 **S4**　2 ダーツ問題の幾何

(6) 図 S4 にダーツボードを描いた（原点を中心とした円で，方程式 $x^2+y^2=1$ のもの）．最初のダーツが当たった後，ボードを回転させて，ダーツは x 軸上，原点から正の距離 s のところにあるようにする．ここで，s は 0 から 1 までの区間にある．円は対称だから，こうしても一般性を失わない．次に，原点を中心とし，半径 s で，**非常に小さい幅** Δs の円形の細い帯を考える．最初のダーツがその帯のどこかに当たる確率はこの帯の面積をダーツボードの面積で割ったものであり（ダーツはダーツボード全体で**一様**だから），$(\pi(s+\Delta s)^2-\pi s^2)/\pi=2s\Delta s$ となる．ここで，Δs の1より高次のベキは無視している（というのは，すぐに $\Delta s\to 0$，つまり，$\Delta s\to ds$ とするからである）．今度はダーツボードの上に，半径が1で，最初のダーツを中心とする，方程式 $(x-s)^2+y^2=1$ を持つ円を重ねる．もし第2のダーツがこの円の外（だが最初の円内，もちろん両方のダーツがダーツボードに当たるので）に当たれば，第2のダーツは最初のダーツから少なくとも単位の長さは離れている．つまり，第2のダーツは影のついた月形の領域に当たる．月形の領域の面積を $A(s)$ とする．ここで，$A(0)=0$ である．第2のダーツが影の領域に当たる確率は（またも）その領域の面積をダーツボードの面積で割った $A(s)/\pi$ である．こうして，2つのダーツが少なくとも単位の距離だけ離れている微分確率 dP はこの2つの独立事象の確率の積

$$dP=\frac{2sA(s)\Delta s}{\pi}$$

である．求めている全確率は，単にすべての s にわたって dP を積分した

$$P=\frac{2}{\pi}\int_0^1 sA(s)\,ds$$

である．この積分をするために，まずそれ自身が積分である $A(s)$ を求めなければならない．この積分を，x 軸の上方にある月形のその部分の面積の2倍として書くと

$$A(s)=2\int_{-1}^{s-1}\sqrt{1-x^2}\,dx+2\int_{s-1}^{s/2}\left[\sqrt{1-x^2}-\sqrt{1-(x-s)^2}\right]dx$$

積分公式

$$\int\sqrt{1-x^2}\,dx=\frac{x\sqrt{1-x^2}}{2}+\frac{1}{2}\sin^{-1}(x)$$

を使うと（適当な公式集を参照せよ），（少し代数計算をすれば）

$$A(s)=\frac{1}{2}s\sqrt{4-s^2}+\sin^{-1}\left(\frac{s}{2}\right)$$

となる．こうして，

$$P=\frac{2}{\pi}\int_0^1\left[\frac{1}{2}s^2\sqrt{4-s^2}+s\sin^{-1}\left(\frac{s}{2}\right)\right]ds$$

となり，ダミーの積分変数を s から x に変えると

$$P = \frac{2}{\pi}\int_0^1 \frac{1}{2}x^2\sqrt{4-x^2}\,dx + \frac{4}{\pi}\int_0^1 x\sin^{-1}\left(\frac{x}{2}\right)dx$$

となる．（また公式集を見て）2 つの積分公式

$$\int \frac{1}{2}x^2\sqrt{4-x^2}\,dx = -\frac{x(4-x^2)^{3/2}}{4} + \frac{4x\sqrt{4-x^2}}{8} + 2\sin^{-1}\left(\frac{x}{2}\right)$$

と

$$\int x\sin^{-1}\left(\frac{x}{2}\right)dx = \left(\frac{x^2}{2}-1\right)\sin^{-1}\left(\frac{x}{2}\right) + \frac{4\sqrt{4-x^2}}{4}$$

とから，積分範囲の端を代入してから計算をして $P = 3\sqrt{3}/4\pi = 0.41349\ldots$ であることを確かめることは読者に任せる．コード **dd.m**（dd は 2 重のダーツ (double-dart) から）はこの過程を，一千万回ダーツボードに 2 本ダーツが当たるまでシミュレーションする．ここで，変数 *total* は少なくとも単位の距離だけ離れて 2 本が当たる回数である．このコードでは円形のダーツボードを，原点を中心とし辺の長さが 2（ダーツボードの直径）の正方形に囲まれていると考えることによって，ダーツの当たる点の一様な分布を達成している．一対のダーツは正方形に一様に「投げられ」，その後のシミュレーションでは**両方の**ダーツが円形のダーツボードの中に入ったときだけ使われる．（**拒否法**と呼ばれるこの技法の欠点は，理由は明らかだが，乱数発生器を無駄に使っているということである．）円上に一様に分布する点を生成するより洗練された方法が私の著書『デジタルなサイコロ』の 16–18 ページに述べられている．数回走らせたところ，P に対してコードが与えた評価は 0.4133726 から 0.4136745 までの範囲であった．

---

dd.m

```
hits=0;total=0;
while hits<10000000
    x1=-1+2*rand;y1=-1+2*rand;
    x2=-1+2*rand;y2=-1+2*rand;
    d1=x1^2+y1^2;d2=x2^2+y2^2;
    if d1<1&&d2<1
        hits=hits+1;
```

```
            s=(x1-x2)^2+(y1-y2)^2;
            if s>1
                total=total+1;
            end
        end
    end
    total/hits
```

(7) ヒントにしたがい，まずシミュレーションをする．そのあと，いったんその結果を見れば，すぐにこれまでの挑戦問題を思い出すことになると思う．そして，それを見ればこの問題をどのように理論的に解析すべきかがわかるだろう．コード **inside.m** は 2 つの異なる部分に分かれている．最初の部分はかなり直線的で，三角形の頂点とする 3 点を円周上から無作為に選ぶ（円の半径が 1 であるとしても一般性を失わない）．（これもヒントに従えば，この無作為にとる 3 点の最初の点はつねに (1,0) である．）「コードが頂点を選んだとき，原点が三角形の内部にあることを，頂点からどのようにして決めたらよいのか」という問題に答えなければいけないので，**inside.m** の第 2 の部分は少し技巧的になる．

もちろん，人間にとってはこれは簡単なことで，見るだけでわかる．しかし，目を持たないコンピュータのコードはそうすることができない．この問題に答える方法はいくつかあるが，これから示す方法は多分コンピュータの概念にとっても要求にとってももっとも単純なものである．図 S5 には，頂点 $A=(X1,Y1)$, $B=(X2,Y2)$, $C=(X3,Y3)$ を持つ三角形の代表的な場合がある．原点が三角形 ABC の内部にあるようにしてある．以下の考察は理にかなっているようである．点 P が三角形の**内部**にあるのは次の 3 つを満たすときである．

(a) P と A が BC の「同じ側」にある．

(b) P と B が AC の「同じ側」にある．

(c) P と C が AB の「同じ側」にある．

ABC の外部にあるどんな点もこの要請すべてを満たすことはない．さて今度は,「同じ側」にあるという言葉の意味をどう理解するかということである．

A と B を通る直線の方程式はよく知られた $y=mx+b$ であり，ここで，定

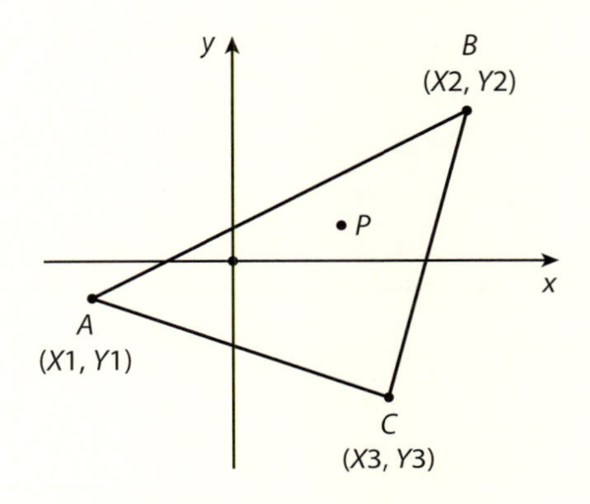

図 S5　三角形の内部の点

数 m は

$$m = \frac{Y2 - Y1}{X2 - X1}$$

で与えられる傾きであり，定数 b は

$$b = Y1 - mX1$$

で与えられる y 切片である．こうして，

$$y = \frac{Y2 - Y1}{X2 - X1} + b$$

となる．この方程式に $x = X3$ を代入すると，明らかに，P に対する x 座標を入れるときと同じように，$Y3$ **よりも大きい** y の値が得られる．つまり，この 2 つの代入結果を *check1* と *check2* とすれば，

$$\mathit{check1} = Y3 - (mX3 + b) < 0$$

と

$$\mathit{check2} = YP - (mXP + b) < 0$$

が得られることになる．ここで，P の座標は (XP, YP) である．

この計算で重要なのは *check1* と *check2* の個別の値ではなくて，P と C が AB の「同じ側」にあるなら，*check1* と *check2* が**同じ符号を持つ**ことである．つまり，その積は P と C が AB の同じ側にあれば正であり，反対側にあれば負になる．もし同じように，P と B が (b) の要請を満たすか，P と A が (a) の要請を満たすかすれば，コードは P が三角形 ABC の内部にあることを知ることになる．**inside.m** を数回走らせ，それぞれで一千万の無作為な三角形 ABC を作ったときに，原点 $P=(0,0)$ が ABC の内部にある確率の範囲は 0.2499534 から 0.2501911 までとなった．

inside.m

```
total=0;c=2*pi;x1=1;y1=0;
for loop=1:10000000
    alpha=c*rand;beta=c*rand;
    x2=cos(alpha);y2=sin(alpha);
    x3=cos(beta);y3=sin(beta);
    m=(y2-y1)/(x2-x1);b=y1-m*x1;
    check1=y3-(m*x3+b);check2=-b;
    m=(y3-y1)/(x3-x1);b=y1-m*x1;
    check3=y2-(m*x2+b);check4=-b;
    m=(y3-y2)/(x3-x2);b=y2-m*x2;
    check5=y1-(m*x1+b);check6=-b;
    p1=check1*check2;p2=check3*check4;p3=check5*check6;
    if p1>0&&p2>0&&p3>0
        total=total+1;
    end
end
total/loop
```

さて，このような数値的な結果を見た人で,「理論的な確率はちょうど 1/4 である！」と考えないような人はいるだろうか？　そして，有限の長さの棒を 3 つに分ける別の挑戦問題を思い出さないだろうか？　確かに，それは挑戦問題 3 であった．実際，挑戦問題 7 はその問題に巧妙な変形をしたものである．さて，なぜなのだろうか．

挑戦問題 3 では，単位の長さの棒を（指定されたように）長さが x, $y-x$ $(=z)$, $1-y$ か y, $x-y$ $(=z)$, $1-x$ かの 3 つの部分に，無作為に割った．その問題の数学では，もし $0 < x < 1$, $0 < y < 1$, $0 < z < 1$ で，この 3 つの長さがすべて 1/2 より小さく，長さの和が 1 であれば，三角形を作ることができ，このことは 1/4 の確率で起こるというものだった．今度の問題でも，ある長さ（円周の長さ）を同じ無作為の手続きを使い，角 α と β を選ぶことで 3 つの部分に分けている（今度はこれらの角をラジアンではなく回転によって，2π ラジアン $= 1$ 回転，として測るものとする）．今度は，頂点を分割する 3 つの角（$\alpha > \beta$ であれば，これらの角は $\alpha, \alpha-\beta, 1-\beta$ であり，$\beta > \alpha$ であれば，これらの角は $\beta, \beta-\alpha, 1-\alpha$ である）は，x, y, z が満たすのと同じ関係を満たす（すべての角は 0 と 1 の間にあり，角の和は 1 である）．また，1 つか 2 つのスケッチをすればわかるように，それらの頂点で作られる三角形の内部に原点があるためには，すべての角は 1/2（回転）より小さくないといけない．だから，挑戦問題 7 の数学的記述は挑戦問題 3 のものと同じになるのだから，答えもまた同じでなければならないという結論になる．

(8) リーグには k チームがあるとする（数値を求めることができるようになったら $k = 6$ と $k = 10$ を代入する）．$p(n)$ を n 年後にトロフィーがまだどこかのチームに永久保持されていない[1] 確率とする．明らかに $p(1) = p(2) = 1$ である．n 年後にトロフィーがまだ引退していないという結果を生む事象の列がちょうど 2 つある．この 2 つの列は，その年の優勝チームが前年である $n-1$ 年の終わりに優勝したチームであるかどうかによって分かれる．それぞれの可能性を別々に考えよう．もし n 年の終わりの優勝チームが前年に勝っていなかったら（確率は $(k-1)/k$ である），その年の優勝チームはトロフィーを引退させられない．この列の起こる確率は $\frac{k-1}{k}\,p(n-1)$ である．第 2 の列では，n 年の終わりの優勝チームが前年にも勝っているが（確率は $1/k$ である），その前年（$n-2$ 年）には優勝しなかった（確率は $(k-1)/k$ である）．この列の確率は $\frac{k-1}{k}\frac{1}{k}\,p(n-2)$ である．だから，直ちに

$$p(n) = \frac{k-1}{k}p(n-1) + \frac{k-1}{k^2}p(n-2), \quad p(1) = p(2) = 1$$

が得られる．この差分方程式を使えば，望むどんな値の n に対しても $p(n)$ の数値を作り出すことができ，これを，$p(n^*) < 1/2$ となるような $n = n^*$ の最初の値が得られるまで続ければよい．これはコンピュータにとっては易し

[1]［訳註］原著ではどこかのチームに永久保持されることをトロフィーの「引退」と呼んでいる．

いことである．$k = 6$ に対して $n^* = 31$ が得られるのは，$p(30) = 0.5004$ かつ $p(31) = 0.4882$ だからである．$k = 10$ に対して $n^* = 78$ が得られるのは，$p(77) = 0.5008$ かつ $p(78) = 0.4962$ だからである．差分方程式を解析的に解くために，$p(n) = ca^n$ の形で解を探す．ここで，c と a は定数である．すると，この差分方程式は a に関する 2 次方程式に帰着し（a の値は 2 つ），その 2 つの a の値に適合する c を求めるために $p(1) = p(2) = 1$ という条件を使う．解の一般形は $p(n) = c_1a_1^n + c_2a_2^n$ である．しかし，これを実行することは算術計算の泥沼との長い苦闘になることを警告しておく．それをやり終えるときまでには，あなたのコンピュータに愛の言葉を送ることになるだろう．

(9) この問題はイギリスの数学雑誌 *The Mathematical Gazette* の 1930 年 5 月号で公表された．巧妙な幾何だけを使った解析をした後，答が $(4\sqrt{2}-5)/3 = 0.2189514\ldots$ であると示されている．その解析は，**焦点**と呼ばれる与えられた点（グリーンの中心）と**準線**と呼ばれる与えられた直線（グリーンの端）とから等距離にある点の軌跡としての放物線の定義を中心としている．極めて巧妙だが，解析は非常に複雑でもあるので，コード **golf.m** を使って問題を簡単化することにした．アイデアは単純である．ボールが (x, y) にあれば，単位正方形（グリーン）の端までの 4 つの距離は x, $1-x$, y, $1-y$ であり，そのうちの最小値を，ボールとホールの間の距離と比べるだけでよい．コードはこれを一千万回行うもので，数回実行したら，確率の範囲として 0.2188581 から 0.2191731 までの評価を得た．

golf.m

```
total=0;
for loop=1:10000000
    x=rand;y=rand;
    V=[x,1-x,y,1-y];
    dedge=min(V);
    dcenter=sqrt((x-0.5)^2+(y-0.5)^2);
    if dcenter<dedge
        total=total+1;
    end
end
```

total/loop

最後のコメント：この解答を書き上げた数ヶ月後，たまたま *Mathematics Magazine* 誌の 2009 年 6 月号（228–229 ページ）の次の記事を目にした．1 年前の同誌で提出された「正 n 角形の内部から無作為に 1 点を選ぶ．その点が外周よりも正 n 角形の中心に近い確率はいくつか？」という問題の解答である．すぐにこれが 1930 年の問題（$n = 4$ という特殊な場合）の一般化であることに気がついた．2009 年の解答にはある積分の計算が必要だったが（1930 年の解答は純幾何的なものだった），すべての n に対する 2009 年の解答は全体的にかなり簡潔なものである．その答は $\frac{1}{12}(4 - \sec^4(\pi/2n))$ で，そこに $n = 4$ を代入すると，実際に $0.2189514\ldots$ が得られる．$n \to \infty$ とすると（正 n 角形は円に近づいていく）この確率は $1/3 - 1/12 = 1/4$ に近づいていく．これが明らかに正しいのは，今や円形になったグリーンの半分の半径の（ホールを中心とする）円の内部にゴルフボールが落ちる確率になっているからである．もしグリーンが三角形 ($n = 3$) なら，確率は $5/27 = 0.185185\ldots$ である [2)]．

(10) コード **black.m**（サブルーチン関数 **draw.m** を呼んでいる）は成り行きのシミュレーションをする．下の表で与えたさまざまな b と w の任意の値に対して走らせると（各行は 10000 回を 5 度繰り返して，上下の評価を与えてある）気がつくことだが，b と w に関係なく，最後のボールが黒い確率は著しく一定のままで，表からは実際，厳密な結果が**いつも** 1/2 であることが示唆される．この予想の理論的な証明は（3 ページもかかる），2 重の指数を持つ差分方程式が出てくるものだが，B. F. オークリーと R. L. ペリーの「標本抽出過程」（*Mathematical Gazette*, 1965 年 2 月号，42–44 ページ）という論文を参照すればよい．

---

2) ［訳註］$\frac{1}{12}(4 - \sec^4(\pi/6)) = \frac{1}{12}\left(4 - \left(\frac{2}{\sqrt{3}}\right)^4\right) = \frac{1}{3}(1 - \frac{4}{9}) = \frac{5}{27}$.

b	w	確率（下–上）
1	1	0.4971–0.5073
2	3	0.4989–0.5061
3	3	0.4966–0.5080
5	4	0.4991–0.5078
7	9	0.4875–0.5055
18	13	0.4962–0.5126
15	39	0.4896–0.5037

コードの手順を手短に説明しておこう．主プログラムの **black.m** は，与えられた b の初期値（黒いボールの最初の数）と w の初期値（白いボールの最初の数）に対して 10000 回のループを制御する．最初のループを動かす前に変数 $total$ を 0 にする．$total$ の値は壺の中の最後のボールが黒になったループの数である．それから，各ループで，壺の中にボールがあるかぎり（$while$ ループによって定まる），コードは関数 **draw.m** に「寄り道をする」．その関数は 2 つの変数 b と w を受け取り，ボールを引く過程を実行した後，**black.m** に 2 つの出力変数，$blackball$ と $whiteball$ を返す．その 2 つの変数はそれぞれ，壺に残っている黒と白のボールの新しい数であり，b と w の値は直ちに更新される．それからもし b が 0 に到達すれば（壺の中に黒いボールがなくなれば），コードは w を 0 にし，強制的に $while$ ループを終わらせて，元の b と w の値で新しく実行を始める．一方，もし **draw.m** が $whiteball = 0$ を返したら（$w = 0$ となり），壺の中には黒いボールしか残っていないので，最後のボールは黒にならざるを得ないから，$total$ を 1 だけ増やす（w をまた 0 にして $while$ ループを終わらせる）．最後に，もし b と w がともに 0 でなかったら，もう一度 $while$ ループを実行する（もう一度 **draw.m** を呼ぶ）．いつかは 10000 回のループが終わり，**black.m** の最後の行が，壺の最後のボールが黒である確率に対する評価を出力する．

---

black.m

```
total=0;
for loop=1:10000
    b=15;w=39;
```

```
        while b+w>0
            [blackball,whiteball]=draw(b,w);
            b=blackball;w=whiteball;
            if b==0
                w=0;
            elseif w==0
                total=total+1;
                b=0;
            end
        end
    end
    total/loop
```

---

draw.m の働きは以下のようなものである．入力変数として **black.m** から b と w の現在の値を受け取ることから始まる．最初のボールを引くことは，*rand* の値（乱数発生器から返される値）を黒いボールに対する現在の確率と比べることで行われる．もしボールが黒であれば，変数 *fcolor*（最初の色 (first color) を表す）を 1 とし，b を 1 だけ減らし（つまり，最初のボールは捨てられる），そうでなければ，*fcolor* を白に対する 0 とし，w を 1 だけ減らす．それから *while* ループに入り（最初は 1 と置かれる変数 *keepgoing* で制御される），最初のボールと色が合う限り次々とボールを引く（そして捨てる）．さて，いつかは次の 2 つのうちの 1 つが起こる．(1) 色が合わないか，(2) 最初の色と合うボールがすべて尽きる．色が合わないことが起きれば，制御変数 *keepgoing* を 0 に置き直して *while* ループを終わりにする．もし 1 つの色がなくなることが起きても（*if* $b == 0$ か *if* $w == 0$），制御変数 *keepgoing* を 0 に置き直して *while* ループを終わりにする．それから出力変数 *blackball* と *whiteball* はそれぞれ，その時の b と w の値に等しく置かれ，プログラムの実行は **black.m** に戻る．

---

draw.m

```
function[blackball,whiteball]=draw(b,w)
    if rand<b/(w+b)
```

```
        fcolor=1;b=b-1;
    else
        fcolor=0;w=w-1;
    end
    keepgoing=1;
    while keepgoing==1;
        if fcolor==1
            if rand<b/(w+b)
                b=b-1;
                if b==0
                    keepgoing=0;
                end
            else
                keepgoing=0;
            end
        else
            if rand<w/(w+b)
                w=w-1;
                if w==0
                    keepgoing=0;
                end
            else
                keepgoing=0;
            end
        end
    end
    blackball=b;whiteball=w;
end
```

(11) A が k 回目に勝つためには，最初の $k-1$ 回ではエースを出してはならない（B も出していけない）．どちらのプレイヤーも 1 回目（それぞれ 1 回投げる）でエースを出さない確率は $(5/6)^2$ であり，どちらのプレイヤーも 2

回目（それぞれ 2 回投げる）でエースを出さない確率は $(5/6)^4$ であり，...，どちらのプレイヤーも $k-1$ 回目（それぞれ $k-1$ 回投げる）でエースを出さない確率は $(5/6)^{2k-2}$ である．だから，プレイヤーが k 回目の始まりまでエースを出さずに到達する確率は

$$\left(\frac{5}{6}\right)^2\left(\frac{5}{6}\right)^4\cdots\left(\frac{5}{6}\right)^{2k-2}=\left(\frac{5}{6}\right)^{2+4+\cdots+2k-2}$$
$$=\left(\frac{5}{6}\right)^{2(1+2+\cdots+k-1)}=\left(\frac{5}{6}\right)^{k(k-1)}$$

となる．A が k 回目の間にエースを出す（つまり，最初に投げるときか，2 回目に投げるときか，3 回目に投げるときか，...）確率は

$$\frac{1}{6}+\left(\frac{5}{6}\right)\frac{1}{6}+\left(\frac{5}{6}\right)^2\frac{1}{6}+\cdots+\left(\frac{5}{6}\right)^{k-1}\frac{1}{6}$$
$$=\frac{1}{6}\left[1+\left(\frac{5}{6}\right)+\left(\frac{5}{6}\right)^2+\cdots++\left(\frac{5}{6}\right)^{k-1}\right]=1-\left(\frac{5}{6}\right)^k$$

となる．だから，すべての可能な k に関して足せば，A が勝つ確率 $P(A)$ は

$$P(\mathrm{A})=\sum_{k=1}^{\infty}\left(\frac{5}{6}\right)^{k(k-1)}\left[1-\left(\frac{5}{6}\right)^k\right]$$

となる．これは MATLAB® で簡単にコード化でき，$P(\mathrm{A})=0.596794\ldots$ となる．モンテカルロのコード **jb.m**（jb はヤーコプ・ベルヌーイ (Jakob Bernoulli) の頭文字）はこのゲームを百万回シミュレーションして，変数 W に A が勝つ回数を格納するものである．シミュレーションの論理はかなり単純である．各ゲームの最初に変数 A と B はそれぞれ 0 と置かれ，変数 *turn* は 1 と置かれる．それから A はダイスを *turn* 回投げ，もし 1 つ以上のエースが出たら，A に 1 を置き，それから B がダイスを *turn* 回投げ，もし 1 つ以上のエースが出たら，B に 1 を置く．もちろんこれは二人の人がプレイする仕方ではないけれど，次の段階でそれが考慮される．いったんプレイヤー B が終わったら，コードは A と B を確かめる．もし A が 1 ならば，B の値は無視され，A が勝ちになり，W が 1 増やされ，新しいゲームが始まる．もし $A=0$ で $B=1$ ならば，プレイヤー B が勝ち，W は変化せず，新しいゲームが始まる．（*while* ループを制御する変数 *keepgoing* を見ること．）$A=0$ かつ $B=0$ であれば，どちらのプレイヤーもエースを出していないので，*turn* が 1 増やされ，次の投げる回になる．数回走らせた結果，**jb.m** が出した $P(\mathrm{A})$ の評価の範囲は 0.595163 から 0.596921 であり，理論値をうまく挟んでいる．

jb.m

```
W=0;p=1/6;
for loop=1:1000000
    A=0;B=0;turn=1;keepgoing=1;
    while keepgoing==1
        for loopa=1:turn
            if rand<p
                A=1;
            end
        end
        for loopb=1:turn
            if rand<p
                B=1;
            end
        end
        if A==0
            if B==0
                turn=turn+1;
            else
                keepgoing=0;
            end
        else
            W=W+1;keepgoing=0;
        end
    end
end
W/loop
```

(12) -1 から 1 までのすべての A と B に対して $A^{2/3} > 0$ かつ $B^{2/3} > 0$ となるから，この問題を $X = A^{2/3}$ と $Y = B^{2/3}$ が $X + Y < 1$ となるような確率を求める問題と思うことができる．ここで，X と Y が独立に分布してい

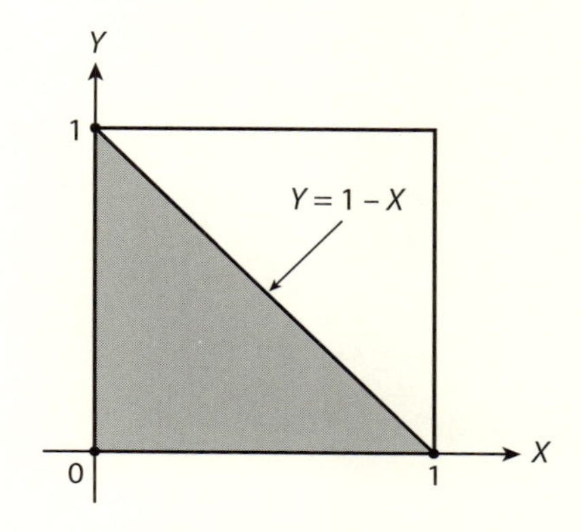

図 S6　挑戦問題 12 の標本空間

る（それぞれ 0 から 1 までで）とする．しかし，X と Y が一様に分布しているのではなく，A と B が一様分布しているのである．X と Y の確率密度関数を，それぞれ $f_X(x)$ と $f_Y(y)$ と書こう．X と Y は独立だから，その同時分布の確率密度関数は $f_{X,Y}(x,y) = f_X(x)f_Y(y)$ である．$Z = X + Y$ とする．$\text{Prob}(Z < 1) = \text{Prob}(X + Y < 1) = \text{Prob}(Y < 1 - X)$ を計算したいのである．この確率は，図 S6 の影の領域（単位正方形の対角線の左下半分）の確率であり，その領域の上で X と Y の同時確率密度関数を積分したものである．つまり，

$$
\begin{aligned}
\text{Prob}(X + Y < 1) &= \int_0^1 \int_0^{1-x} f_{X,Y}(x,y)\,dydx \\
&= \int_0^1 \int_0^{1-x} f_X(x)f_Y(y)\,dydx \\
&= \int_0^1 f_X(x) \left\{ \int_0^{1-x} f_Y(y)\,dy \right\} dx
\end{aligned}
$$

となる．この積分をするには $f_X(x)$ と $f_Y(y)$ を求める必要がある．$f_X(x)$ が見つかれば，X と Y は同じ分布をしているから，もちろん $f_Y(y)$ もわかる．$f_X(x)$ を求めるには，まず X の分布関数 $F_X(x)$ を計算して，それからそれを

微分する．A は -1 から 1 までで一様であるから，

$$\begin{aligned}F_X(x) &= \mathrm{Prob}(X \le x) = \mathrm{Prob}(A^{2/3} \le x)\\ &= \mathrm{Prob}(-x^{3/2} \le A \le x^{3/2})\\ &= \frac{2x^{3/2}}{2} = x^{3/2}\end{aligned}$$

となる．こうして，

$$f_X(x) = \frac{d}{dx}F_X(x) = \frac{3}{2}x^{1/2}$$

となる．同じように

$$f_Y(y) = \frac{3}{2}y^{1/2}$$

となる．だから

$$\begin{aligned}&\mathrm{Prob}(X+Y<1)\\ &= \int_0^1 \int_0^{1-x} \frac{9}{4}x^{1/2}y^{1/2}\,dydx = \frac{9}{4}\int_0^1 x^{1/2}\left\{\int_0^{1-x} y^{1/2}\,dy\right\}dx\\ &= \frac{9}{4}\int_0^1 x^{1/2}\left[\frac{2}{3}y^{3/2}\right]_0^{1-x} dx = \frac{3}{2}\int_0^1 x^{1/2}(1-x)^{3/2}\,dx\end{aligned}$$

となる．ここの積分を I とおくと，$\mathrm{Prob}(X+Y<1) = \frac{3}{2}I$ となる．$u = 1-x$ と変数変換をすれば

$$I = \int_0^1 x^{1/2}(1-x)^{3/2}\,dx = \int_0^1 x^{3/2}(1-x)^{1/2}\,dx$$

であることが証明できるので，

$$\begin{aligned}2I &= \int_0^1 \{x^{1/2}(1-x)^{3/2} + x^{3/2}(1-x)^{1/2}\}\,dx\\ &= \int_0^1 x^{1/2}(1-x)^{1/2}\{1-x+x\}\,dx\\ &= \int_0^1 x^{1/2}(1-x)^{1/2}\,dx\end{aligned}$$

となり，

$$I = \frac{1}{2}\int_0^1 \sqrt{x(1-x)}\,dx$$

となる．だから

$$\text{Prob}(X+Y<1)=\frac{3}{2}I=\frac{3}{4}\int_0^1\sqrt{x(1-x)}\,dx=\frac{3}{4}\int_0^1(x-x^2)^{1/2}\,dx$$

となる．この積分の値を求める初等的な方法がある．積分は，x が 0 から 1 まで動いたときの，曲線 $y(x)=(x-x^2)^{1/2}$ の下側の領域の面積であり，この等式を 2 乗して少し整理すれば $(x-1/2)^2+y^2=(1/2)^2$ となることがわかる．しかしこれは単に，x 軸上の $x=1/2$ を中心とする半径 1/2 の円の方程式である．だから問題の面積（積分の値）はまさにその円の上半分の面積である．この円の面積は $\pi/4$ だから積分は $\pi/8$ となり，だから，

$$\text{Prob}(X+Y<1)=\left(\frac{3}{4}\right)\left(\frac{\pi}{8}\right)=\frac{3\pi}{32}=0.2945$$

となり，コード **final.m** と素晴らしい一致を見せる．

MATLAB® の乱数発生器についての技術的注釈

本書で行った理論的な解析を支援するための数値的な「裏付け」が The MathWorks, Inc., of Natick, MA が開発したソフトウェアのパッケージ，特に MATLAB® 7.3，Release 2006b で利用可能ないくつかのコマンドを使うことによって与えられている．このバージョンの MATLAB® は今や何バージョンか前のものになっているが，本書で使われたすべてのコマンドは新しいバージョンでも機能するし，数年後のこれからのバージョンでも機能し続けるようである．本書のコードは MATLAB® 8.1 の Release 2013a でも試したが正しく走った．MATLAB® は The MathWorks, Inc. 社の登録商標である．The MathWorks, Inc. 社は本書のテキストの正確さを保証していない．MATLAB® の本書での使用や議論は，特に MATLAB® ソフトウェアの特定の教育的なアプローチや特定の使用について，同社の承認や後援を受けているものではない．

どんなモンテカルロ・シミュレーションのコードもある確率分布から得られる数を使っている．いくつかのコードはたくさんの乱数を使っている．本書には少し，百万もの乱数を使っているコードがある．MATLAB® の乱数発生器はこれらの数に対する便利なソフトウェアのソースである．MATLAB® の作成者である MathWorks 社は発生器のデザインについてさまざまな版を重ねていて，最新のバージョンではレジスターやビットのシフト操作のプロセスを高度に洗練されたものを組み合わせて使っていて，以前のバージョンのように積や商の演算を必要としていない．そのため最新の MATLAB® の発生器は非常に高速である．しかし，少なくとも同じように重要なのは，そのようなデザインでは驚くほどに長い周期を持つことである．**周期**とは，発生器が繰り返しを起こすまでに作り出す数の数のことである．

ソフトウェアによる発生器が**確かに**いつかは繰り返し始めるという事実は，発生器がコンピュータ学者が言うところの**有限状態機械**であるという事実によるものである．もしデジタルな実在が，n 個の 2 状態要素から（つまり，それぞれ 0 か 1 かの 2 成分の n 個の元から）なっていれば，0 と 1 の高々2^n の異なる組合せがあり得る（そのような組合せをそれぞれ実在の**状態**と呼ぶ）．シミュレーションにおいて繰り返しをする乱数を使えば，数はもはや無作為とは言えず，シミュレーショが何がしかシミュレーションする確率過程を模倣するものだという，根底にある基本的な主張を意味のないものにしてしまう．

だから，大きな周期を持つことは良い乱数発生器の本質的な特徴なのである．MATLAB® の乱数発生器の周期は大変に大きいので，ビッグバンで宇宙の誕生とともに，1 秒間に百万個といった圧倒的な速さで数が生成されるとしても，現在われわれが観測するのは周期の**無限に小さい**一部にすぎないほどである．あなたにしろ他の誰にしろいつか書くだろうシミュレーションでも新しい乱数でコードを与える MATLAB® の能力を使い果たし始めることすらないだろう．

MATLAB® の $rand$ というコマンドは 0 から 1 までの一様分布からの数が生成される．もし a から b $(b > a)$ までの一様分布からの数がほしければ，$a + (b - a) * rand$ がその仕事をすることになる．MATLAB® はまた，平均が 0 $(m = 0)$ で標準偏差が 1 $(\sigma = 1)$ の（釣鐘状の）正規分布，つまり，密度関数が

$$\frac{1}{\sqrt{2\pi}}\, e^{-x^2/2} \qquad (-1 < x < 1)$$

の分布からの数を生成するコマンド $randn$ も提供している．もし，平均が m で標準偏差が σ の正規分布からの数がほしいなら，$m + \sigma * randn$ がその仕事をしてくれる．もし一様分布でも正規分布でもない分布の数がほしいのなら，自分で付加的なコードを書かねばならないだろう．たとえば，指数分布の場合になら，それを行う 1 つの方法が私の著書『デジタルなサイコロ』の 252–254

ページにある．

新しい MATLAB® のセッションが始まるときに，発生器は自動的にあらかじめ定められた状態にされる．それから，発生器は，現在の状態からそれぞれ新しい数が作られて新しい状態に移る．状態推移の詳細は発生器の特定のデザインによって定まっているが，その詳細を知る必要はない．つまり，同じセッションの中で本書のコードのどれかを複数回走らせるとき，一番目に実行するときには発生器から得られる一組の数が使われ，二番目に実行するときには別の組の数が使われ，などとなる．だから，ある実行と次の実行でコードが生み出す結果は近い（そうであってほしいものだ！）が，正確に同じにはならない．

あるシミュレーションのコードを最初に書くときは，コードを走らすごとに違う答えが出るのではデバッグが複雑になって困る．コードが異なる結果を与えるのが，論理のせいなのか（これはいけない），発生器が異なる数を与えるからなのか（これは OK である）がわからない．だから，コードを書き始めるときには，発生器を同じ状態に初期化しなおして，コードを実行するたびに同じ MATLAB® のセッションの中で行われるようにすることが望ましいことが多い．これを行うには，コードのどこか，発生器を最初に使用する前に，$rand(\text{‘}state\text{’}, 0)$ というコマンドを書いておけばよい．

しかし，いったんデバッグが完了したら，コードを次々とセッションで新しく走らせるときそれまでに出てこなかった乱数を使いたいだろう．何と言っても，前と同じ発生器の数でシミュレーションのコードを走らせても仕方がない．前と同じ答えが得られるだけである．だから，MATLAB® が新しいセッションを始めるたびに自動的に発生器を同じ初期状態にすると，今話したばかりだが，どうやってそれを実現したらいいだろうか．これを行うのにコマンド *clock* を使う簡単な方法がある．

あなたのコンピュータの中にある MATLAB® は，時刻に対するコンピュータの知識を利用して，継続して [year, month, day, hour, minute, second] というフォーマットの，6 元のベクトル *clock* を更新する．たとえば，2012 年 2 月 3 日午後 1 時 1 分の数秒後にこれをタイプすると,「現在」の *clock* ベクトルは [2012, 2, 3, 13, 1, 9.5] となる．時の流れは厳然と一方方向なので，シミュレーション・コードを走らせているあらゆるときに，このベクトルを使って新しい

（ほとんど常に）[1] 一意的な初期状態を生成することができる．これをするには，コードのどこか，発生器を最初に使う前に $rand(\text{'}state\text{'}; 100 * sum(clock))$ というコマンドを書いておけばよい．コマンド sum は $clock$ ベクトルの 6 つの元を足し，それに 100 を掛けることで整数にし（上のベクトルに対してはこの整数は 204050 となる），発生器の初期状態に置く．コードを走らせるごとに，異なる時刻には異なる $clock$ ベクトル，（普通は）異なる整数が得られ，だから発生器に異なる初期状態が，そして異なる数の流れが得られる．

本書で与えたコードでは，私が乱数発生器の初期状態について何も気にしていないことに気がつくだろう．本書のコードを走らせたことで与えた結果は典型的だが，何であれシミュレーションを走らせた時に発生器から出てきた数によって作られたものである．もしこれらのコードをあなたの機械で走らせたら（MATLAB® を持っていたらだが），私の結果に近いが厳密には同じでない結果が得られることはほとんど確かなことである．実際，新しく行うあらゆるときに何かしらのものが得られるということが，コンピュータのモンテカルロのコードに独特な特徴である．

コードが 10 万回（または 100 万回）ものシミュレーションを行い，それから個々のシミュレーションすべての平均を計算すると，一般に多くの桁数をもつ結果が得られる．その数字のすべてに本当に意味があるのだろうか？

たぶんそんなことはないだろうが，それでも，たとえ最初の 3 桁（もしくは運が良ければ 4 桁）だけが正しいとしても，本書のコードが生成したすべての数字を報告した．本書のコードが生成する 4 桁より先の数字については懐疑的であるべきである．もし，さらに多くの数字が必要なら，モンテカルロ・シミュレーションの基礎にある数学の理論的解析によれば，N をシミュレーションの回数とするとき，統計的な誤差は $\sqrt{N}$ に従って減少するのである．

たとえば，N を 10000 から 1000000 に（100 倍に）増やすと，何であれ問題にしているパラメータのコードの評価における誤差はほぼ $\sqrt{100} = 10$ 倍の改善がされることになる．この挙動の具体的な説明が私の著書『デジタルなサイコロ』の 11–15 ページにあり，また，まったく別の（**分散減少**と呼ばれる）アプローチの例が 223–228 ページにある．

[1] ［訳註］もちろんコンピュータが速すぎて，2 つの $rand$ コマンドが実行される間に，100 分の 1 秒より短い時間しか流れなければ，同じ初期状態になることがあり得る．

謝辞

どんな著書も著者がいてこそ存在できる．著者はもちろん重要だが，多くの人々もまた関わっている．30 年以上も大学の工学のクラスで確率論を教えてきて，数百の学生がいた．彼らはすべて問題をテストするのに（何人かは喜んで）役に立ってくれた．本書はプリンストン大学出版会からの私の 3 冊目の確率パズルの本である．前の 2 つは *Duelling Idiots* と *Digital Dice* であり，この 3 冊すべての中にある問題は学生たちによって吟味されてきた．彼らすべてに感謝する．

生のタイプ原稿を出版会に送ると，私の編集者のヴィッキー・カーンや彼女の出版会の同僚であるデビー・テガーデン，クィン・ファスティング，ディミトリ・カレトニコフ，カルミナ・アルヴァレス-ガッフィン，また私は直接は仕事をともにしないがそこにいることは知っている他の多くの人による，激しく精しい吟味の対象になる．さらに，本は送ったものから，非常に重要な原稿整理編集者，本書の場合はシカゴのマージョリー・パンネルの努力によって，印刷に掛けられる完成形に変形する．（本書はマージョリーが仕事をした私の本の 4 冊目になる．）これらの勤勉で才能ある人々すべてに心からの感謝を送る．

最後に，50 年来の妻，パトリシア・アンは私の著書すべてに非常に大きな役割を果たした．執筆のために研究室か大学図書館に消えて，長い時間を過ごす理由を理解してくれているのである．そして，ようやく戻ってくると（きっと夕食時までには），そこには温かい料理と私を待っていたキスと，ときには持ち出すためのごみ袋があることもあった．眼も悪くなり，(残っている) 髪も白くなっている 72 歳の老人に，これ以上人生から何を望むことができるだろう．

ポール・ナーイン
ニュー・ハンプシャー州リー
2013 年 2 月

訳者あとがき

著者のポール・J・ナーインには多くの著書がある．現在，手にすることができる状態のものが 16 冊ある．日本語の翻訳も 6 タイトルが出版されている．数学者や工学者の伝記，数学史と絡めた虚数やオイラーの公式などの数学的話題の解説，数学と物理学との関わり，相対性理論の解説をタイムマシーンと関連付けたもの，数学的なパズルなど，非常に幅広い．

しかし，彼は単なる啓蒙家ではない．スタンフォード大学卒業後，修士はカリフォルニア工科大学，博士はカリフォルニア大学アーヴァイン校で学び，電子工学の Ph.D. を得ている．数年宇宙関連の会社に勤めた後，数校の大学で教え，その後 30 年近くニュー・ハンプシャー大学とヴァージニア大学で電気工学の学部生と大学院生に確率論とその応用を教え，現在はニュー・ハンプシャー大学の名誉教授である．だから，その著書はユーモアも交えて読みやすいが，内容はしっかりしている．

確率に関するパズル・ブックがプリンストン大学出版局から 3 冊出ていて，1 冊は既に和訳されており，本書は 3 冊目である．数学の啓蒙書の中でも確率の占める位置は小さくない．思いもかけない結果が，簡単だが間違えやすい考察から導かれるからでもある．本書の中でも，ニュートンやダランベールやラプラスといった大数学者でも正しくない考察を表明したことが語られているほどである．

確率に関する問題が簡単なのに間違うことが多いというのは，ちょっと見の印象というものである．啓蒙書で扱われる場合が極端に簡単な場合だから簡単に見えるだけである．本当はそれほど簡単なものではないのに，なんとなく簡単なことのように思う．だから間違いやすいわけである．

確率は，ある意味，未来予測の科学である．ありうる未来が有限の状態しかなければ，それを数え上げればいいわけであるが，高々4つしかないのにもかかわらず数学者ですら間違ったという例も本書にはある．キーワードは「同等に確からしい」ということである．

あらゆる未来を同等に確からしい有限個の状態に分けることができれば，望む性質を持つ状態を数え上げればよいのだが，実際に数え上げることも易しくないし，さらには同等に確からしい状態に分割することも易しいことではない．そういうことが易しく見えるのは，実際に易しい問題が，易しく見えるように述べられているからである．

教科書というものはふつう，技法や技術を述べて，それが適用できる問題を上げていくので，どういう技法を使うかはあらかじめわかっている．しかし，実際に，生活の場で出会う問題や，挑戦される問題ではどんな技法を使えばよいかがわからないし，さらには解けるかどうかもわからない．

サイコロを転がすことにしても，1つ転がすだけなら，どの目が出ることも同等に確からしく，確率は1/6である．しかし，2回，3回転がしたとき，合わせていくつになる確率は？と言えば，それが確率論の始まりになるほどの難しい問題になる．続けて3回2が出る確率とか，何回振れば一度でも続けて3回2が出る確率が1/2より大きくなるか，などと状況を細かく設定した未来予測となれば，相当に面倒くさくなり，果ては，級数の和の計算やら，差分方程式（漸化式）も必要となる．

それらはまだ，試行回数を限定すれば有限の場合しかないが，ダーツを投げてどういう範囲に当たるかなど，当たる場所を点と考えれば，場合分けは有限で済まなくなる．正方形なり円なりの範囲に当てようとして，その範囲の任意の点が同等に当たりやすくなるなどということはない．ランダムさをどう表現したらよいのかが問題になる．種々の状況設定の際には面倒なので，どの点も同等とすると，一様な分布という状況を考えることになるが，それでやっと，当たる領域の面積の計算で済む話になる．当たる領域の形が簡単なら三角形や多角形の面積計算になり，小学校以来の幾何に慣れていればできなくもないが，形が複雑になれば，積分計算が必要となる．ダーツを的の中心をめがけて投げたとして，ある程度近いところからでなければ当たりもしない．ある程度以上近ければほとんど的の中心に当たるだろうが，それでもずれが起こる．中心からのずれという誤差が問題になる．そこでのランダムさはとりあえず標準分布で考えることになる．となると，今度は積分が難しくなり，初等関数で積分ができなくなることにもなり，数値積分を考える必要もでてくる．

身の回りにある確率の問題を考えるときには，どういう技法を使えば解けるのかはあらかじめわかることではらないから，とても難しい．本書にはさまざまな状況が順不同に並んでいる．著者に解けた順番なのだろうか．

昔の本の問題を見つけて興味を持って解いたが，答が違ってしまって悩むこともある．そんなとき，自分の考えが絶対に正しいと確信するのは難しい．普通の数学ではめったに起こらないことである．

幸いなことに，今はコンピュータがある．有限の場合の問題なら，どれほど難しい設定でも，きちんと状況が設定できれば，うまくプログラムして，走らせてみればよい．信じる理論値と合ってる方が正しい理論である．

本書ではMATLABを使っているが，少し手直しすれば，桁数の問題はあるが，BASICのような簡単な言語でも同じようなことをさせることは可能である．理論とコンピュータのシミュレーションが合うのはとても気分のいいものである．自分の考えたことを世界が保証してくれたような気分になる．まんざらでもないなあ，この世界も．逆にこの世界が愛おしくもなる．

本書は流し読みでも楽しめる話題が満載で，それだけでも十分ではあるのだけれど，できれば，理論かコンピュータか，どちらかでは確かめながら，本書を読むことをお勧めする．難しく考えることはない．何重にもというか，いろんなレベルで楽しめる本だという方がよいのかもしれない．

しかし，完全に理解するには若干の微積分の復習が必要となる．大学で習った時の教科書があるならそれを探し出して座右に置くとよい．たまたま無くした人のために，ハイラー・ヴァンナー『解析教程　下』（丸善出版）と，訳者の書いたものだが『積分と微分のはなし』（日本評論社）を紹介しておこう．歴史的な話題も豊富で，読みやすいと思う．

確率についても，単なるお話しとしてではなく，多少はちゃんとした定義を知っておく方が本書を理解するのに役立つと思うので，小針晛宏『確率・統計入門』（岩波書店）を紹介しておこう．

蟹江　幸博

三重県桑名市

2016年2月

索　引

た行

な行

〈訳者紹介〉

蟹江幸博（かにえ ゆきひろ）

最終学歴　京都大学大学院理学研究科数学専攻博士課程修了
現　　在　三重大学名誉教授，理学博士
専門分野　トポロジー，表現論，数学教育など
著 訳 書　『古典力学の数学的方法』（共訳，岩波書店，1980），『カタストロフ理論』（翻訳，現代数学社，1985），『微分トポロジー講義』（翻訳，シュプリンガー・フェアラーク東京，1998），『数理解析のパイオニアたち』（翻訳，シュプリンガー・フェアラーク東京，1999），『数学名所案内―代数と幾何のきらめき―（上）（下）』（翻訳，シュプリンガー・フェアラーク東京，1999, 2000），『数論の 3 つの真珠』（翻訳，日本評論社，2000），『代数学とは何か』（翻訳，シュプリンガー・フェアラーク東京，2001），『天書の証明』（翻訳，シュプリンガー・フェアラーク東京，2002），『黄金分割』（翻訳，日本評論社，2002），『シンメトリー』（翻訳，日本評論社，2003），『プロフェッショナル英和辞典 SPED TERRA 物質・工学編』（共編，小学館，2004），『古典群―不変式と表現』（翻訳，シュプリンガー・フェアラーク東京，2004），『数学者列伝―オイラーからフォン・ノイマンまで（I）（II）（III）』（翻訳，シュプリンガー・フェアラーク東京，2005, 2007, 2011），『直線と曲線 ハンディブック』（共訳，共立出版，2006），『解析教程 新装版（上）（下）』（翻訳，シュプリンガー・フェアラーク東京，2006），『モスクワの数学ひろば第 2 巻：幾何篇―面積・体積・トポロジー』（翻訳，海鳴社，2007），『微積分演義（上）―微分のはなし』（日本評論社，2007），『微積分演義（下）―積分と微分のはなし』（日本評論社，2008），『文明開化の数学と物理』（岩波科学ライブラリー 150，共著，岩波書店，2008），『代数入門』（翻訳，日本評論社，2009），『微分の基礎―これでわかった！』（技術評論社，2009），『微分の応用―これでわかった！』（技術評論社，2010），『ラマヌジャンの遺した関数』（本格数学練習帳 1，翻訳，岩波書店，2012），『メビウスの作った曲面』（本格数学練習帳 2，翻訳，岩波書店，2012），『ヒルベルトの忘れられた問題』（本格数学練習帳 3，翻訳，岩波書店，2013），『数学用語英和辞典』（編集，近代科学社，2013），『数の体系―解析の基礎』（翻訳，丸善出版，2014），『なぜか惹かれる ふしぎな数学』（実務教育出版，2014）他

確率で読み解く日常の不思議
―あなたが10年後に生きている可能性は？―

（原題：*Will You Be Alive 10 Years from Now?: And Numerious Other Curious Questions in Probability*）

2016 年 4 月 15 日　初版 1 刷発行

検印廃止

NDC 417.1

ISBN978-4-320-11151-6

著　者　Paul J. Nahin
訳　者　蟹江幸博 © 2016
発行者　南條光章
発　行　**共立出版株式会社**
〒112-0006
東京都文京区小日向 4-6-19
電話 03-3947-2511（代表）
振替口座 00110-2-57035
URL http://www.kyoritsu-pub.co.jp/
印　刷　藤原印刷
製　本　協栄製本

一般社団法人
自然科学書協会
会員

Printed in Japan